EXPERIMENTOS SENCILLOS SOBRE EL CIELO Y LA TIERRA

Glen Vecchione

Ilustraciones de Horacio Elena

ONIRO

Dedicatoria

Para Briana y Nicholas.

COLECCIÓN DIRIGIDA POR CARLO FRABETTI

Títulos originales: *100 First-Prize Make-It-Yourself Science Fair Projects* (selección páginas: 9-41) y *100 Award-Winning Science Fair Projects* (selección páginas: 27, 30-31, 36-44, 50-55 y 177-203)
Publicados en inglés por Sterling Publishing Co., Inc., New York

Traducción de Joan Carles Guix

Diseño de cubierta: Valerio Viano

Ilustración de cubierta e interiores: Horacio Elena

Distribución exclusiva:
Ediciones Paidós Ibérica, S.A.
Mariano Cubí 92 – 08021 Barcelona – España
Editorial Paidós, S.A.I.C.F.
Defensa 599 – 1065 Buenos Aires – Argentina
Editorial Paidós Mexicana, S.A.
Rubén Darío 118, col. Moderna – 03510 México D.F. – México

© 1998, Sterling Publishing Co., Inc., New York
© 2001, Sterling Publishing Co., Inc., New York

© 2002 exclusivo de todas las ediciones en lengua española:
Ediciones Oniro, S.A.
Muntaner 261, 3.º 2.ª – 08021 Barcelona – España
(oniro@edicionesoniro.com - www.edicionesoniro.com)

ISBN: 84-9754-008-5
Depósito legal: B-13.349-2002

Impreso en Hurope, S.L.
Lima, 3 bis – 08030 Barcelona

Impreso en España – *Printed in Spain*

Agradecimientos

Quiero dar las gracias a cuantos me han ayudado
a diseñar y ensayar los experimentos de este libro:

Holly, Rick y R. J. Andrews
Lenny, Claire y Kyrstin Gemar
Cameron y Kyle Eck
Lewis, Hava y Tasha Hall
Jeri, Bryan y Jesse James Smith
Tony y Kasandra Ramirez
Joe, Kate y Micaela Vidales
Debbie y Mark Wankier
Stephen Sturk
Nina Zottoli
Eric Byron
Andy Pawlowski

Vaya también mi especial agradecimiento para
mi amigo David Lee Ahern

Y como siempre,
para Joshua, Irene y Briana Vecchione

Índice

Arriba, abajo
y en todas partes

Campo magnético terrestre

Material necesario

Imán
Limaduras de hierro (o un clavo de acero y una lima)
Molinillo de pimienta viejo
Tapa de lata de café
2 hojas de cartulina blanca
Pulverizador
Vinagre blanco
Regla
Rotulador

Grandes o pequeños, todos los campos magnéticos tienen una forma similar. El gigantesco campo magnético terrestre, que envuelve el planeta desde el Polo Norte hasta el Polo Sur, es muy parecido al simple campo magnético que genera un imán. Lo puedes comprobar tú mismo en este experimento.

Procedimiento

1. Usa la tapa de una lata de café para trazar una circunferencia en una de las hojas de cartulina. Luego, dibuja los continentes en su interior, convirtiéndolo en una sencillo mapa de la Tierra.
2. Haz dos pliegues estrechos en dos lados opuestos de tu mapa para que el imán pueda alojarse debajo, rozando la cartulina.
3. Coloca el imán de tal modo que los Polos estén alineados con el Polo Norte y el Polo Sur del mapa.
4. Dobla la segunda hoja de cartulina en forma de embudo y coloca el extremo más estrecho en el interior de un viejo molinillo de pimienta.
5. Vierte limaduras de hierro en el molinillo a través del embudo. Si no tienes limaduras, puedes fabricarlas frotando una barra de hierro o un clavo de acero en una

lima. Recoge la suficiente cantidad de limaduras para formar una fina capa sobre la cartulina. Luego, dobla la cartulina y viértelas con cuidado en el molinillo.

6. Ahora esparce cuidadosamente las limaduras de hierro sobre el mapa, soplando un poco para que se dispersen y ocupen toda la hoja.

7. Llena el pulverizador de vinagre blanco y rocía ligeramente el mapa. Sostén la botella a una distancia suficiente de las limaduras para que no se altere su posición. Deja secar el vinagre toda la noche y luego quita las limaduras del mapa.

Resultado

Al esparcir las limaduras sobre el mapa ha aparecido algo asombroso: el campo magnético del imán, una reproducción muy precisa del campo magnético de la Tierra. El vinagre ha provocado la oxidación de las limaduras y ha dejado una clara huella del campo magnético sobre la cartulina.

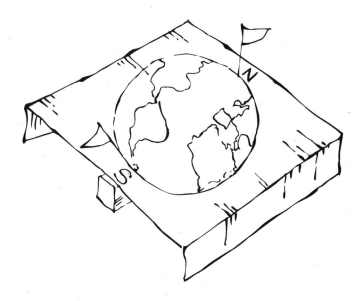

Explicación

Las líneas magnéticas de fuerza convergen en dos puntos, o polos magnéticos. Aunque los científicos han intentado encontrar excepciones durante muchísimo tiempo, cualquier imán conocido por el hombre tiene un Polo Norte y un Polo Sur inseparables. Así pues, grandes o pequeños, todos los campos magnéticos se asemejan entre sí.

¿Lo sabías?

Estudiando la posición de las partículas de hierro y magnetita en los antiguos terraplenes de arcilla, los científicos han podido calcular dónde se hallaban los polos magnéticos de la Tierra hace miles de años. Al igual que minúsculas agujas de brújula congeladas en el tiempo, las partículas apuntan hacia un polo norte magnético que ya no existe y que estaba situado cerca de lo que ahora llamanos... ¡Polo Sur geográfico! De ahí que muchos expertos estén convencidos de que hubo una época remota en la que los polos magnéticos terrestres estaban invertidos.

Brújula de inclinación

Material necesario
Percha de alambre
Podadoras
Bola pequeña de poliuretano
Aguja de coser
Brújula
2 vasos largos del mismo tamaño
Transportador (semicírculo graduado)
Bloque de madera
Imán

Si extrajeras la aguja de una brújula y la ataras a un hilo, no sólo señalaría el norte, sino que también indicaría la posición de las líneas del campo magnético terrestre. Los científicos tienen otro nombre para este tipo de brújula: inclinómetro. Construye uno y podrás trazar dichas líneas.

Procedimiento
1. Pide a un adulto que te ayude a ayude a cortar con unas podadoras un segmento rectilíneo de alambre de una percha metálica.
2. Ensarta la pieza de alambre en la bola de poliuretano, de manera que sobresalga la misma longitud de alambre por los extremos opuestos de la bola.
3. Ensarta la aguja de coser en la bola perpendicularmente a la sección de alambre de la percha.
4. Coloca la brújula de tal modo que la aguja de coser se apoye sobre los vasos y que la bola de poliuretano y el alambre de la percha queden situados entre los mismos.
5. Coloca el alambre de la percha en posición horizontal y, utilizando la brújula a modo de guía, gira los vasos hasta que el alambre señale la dirección norte-sur.
6. Frota con un imán el extremo norte del alambre de la percha durante un minuto. Esto magnetizará la percha

y la convertirá en una auténtica aguja de brújula orientada al norte.

7. Pega el transportador, boca abajo, a un lateral del bloque de madera y deslízalo entre los vasos, de manera que quede situado junto a la bola de poliuretano.

8. Deja que la aguja se desplace libremente y observa su angulación.

Resultado

El extremo norte de la aguja desciende lentamente entre los vasos hasta un ángulo de 45°.

Explicación

El ángulo de inclinación del inclinómetro refleja las líneas de la fuerza magnética en tu latitud. En el ecuador de la Tierra, la aguja estaría totalmente horizontal y, en el Polo Norte, completamente vertical. En la mayoría de las latitudes septentrionales, la aguja formará un ángulo de alrededor de 45°.

¿Lo sabías?

Dado que los polos de un imán se repelen y que los polos opuestos se atraen, ¿cómo es posible que una aguja mag-

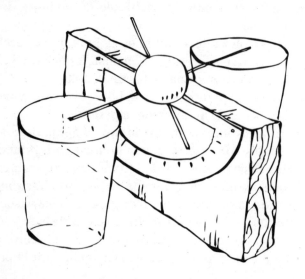

netizada con un imán señale el Polo Norte terrestre? La respuesta es que el polo sur magnético está situado cerca del Polo Norte geográfico de la Tierra, y que el polo norte magnético se halla cerca del Polo Sur geográfico del planeta. Esta disposición invertida ha demostrado ser tan confusa a lo largo de los años que hoy en día los científicos prefieren llamar a los polos magnéticos de la Tierra polos orientados al norte o al sur.

Cianómetro

Material necesario

Tapa de una caja de cartón
2 hojas de papel de 21 × 29,7 cm (DIN A4)
Pintura acrílica: negro, azul, blanco, marrón y rojo
Pincel
16 vasos pequeños de papel
16 aros de goma
Papel celofán
Compás
Brújula esférica de navegación
Regla
Rotulador
Cúter
Transportador (semicírculo graduado)
Hilo rojo
Adhesivo
Tuerca
Tachuela
Fastener

Si miras al cielo un día despejado, descubrirás que una parte del mismo da la sensación de tener una tonalidad azul más intensa que el resto. Esta área de cielo más oscuro se desplaza dependiendo de la hora del día y la posición del sol. Los astrónomos siguen el rastro de los tonos cambiantes del cielo con la ayuda de un simple instrumento llamado cianómetro.

El término cianómetro deriva de la cianita, una turmalina de color azul (silicato natural de alúmina).

Puedes combinar este experimento con el de «Observación del cielo».

PRIMERA PARTE

Trazado del diagrama

Procedimiento
1. Traza una gran circunferencia con el compás en la primera hoja de papel.
2. Traza otras 3 circunferencias circuncéntricas más pequeñas.
3. Con la ayuda de la regla, divide las circunferencias en doce segmentos, pero deja el centro libre. Estos círculos representan todo el cielo visible, desde el horizonte hasta la vertical de la cabeza.
4. Escribe 0° (0 grados) en la intersección de uno de los radios con la circunferencia grande. Pasa a la siguiente y escribe 30°, luego 60° y por último 90° en el círculo interior. Estos grados representan la altitud angular en el cielo, donde 0° equivale al horizonte y 90° a la vertical de la cabeza.
5. Escribe los cuatro puntos cardinales de la brújula fuera del círculo y numera las secciones dentro del círculo más grande (1-12).
6. Haz un mínimo de diez fotocopias de tu diagrama celeste.

Áreas de azul

Procedimiento
1. Dibuja dieciséis cuadros de 2,5 cm de lado en la segunda hoja de papel.
2. Coge doce de los dieciséis vasos de papel y mezcla pintura azul, blanca y negra hasta conseguir doce matices de azul, de más pálido a más intenso, aunque no muy oscuro.

3. Pinta de azul los doce cuadrados, aumentando progresivamente su intensidad.

4. Utiliza el rotulador para numerar del 1 al 12 los cuadrados pintados, asignando el 1 a la tonalidad más pálida y el 12 a la más intensa.

5. En los cuatro vasos de papel restantes mezcla un tono pálido de azul. Luego, añade 3 gotas de pintura marrón en el primero y otras 6 en el segundo, y a continuación 6 gotas de pintura roja en el tercero y otras 6 en el cuarto.

6. Pinta cuatro cuadrados de estos colores e identifícalos con las letras A, B, C y D, asignando la A y la B a los que contienen la mezcla de pintura azul y marrón.

7. Tapa los vasos de papel con papel celofán y un aro de goma a su alrededor para que no se seque la pintura. Etiqueta todos los vasos.

TERCERA PARTE
Caja de observación

Procedimiento

1. Gira del revés la tapa de la caja de cartón.

2. Dibuja una ventana de 5 cm de lado en el centro de la tapa, cerca del borde superior.

3. Pide a un adulto que te ayude a recortar la ventana con el cúter.

4. Pinta el interior de la tapa de color negro y déjala secar.

5. Recorta todos los cuadrados que has pintado en la segunda parte del experimento y pégalos alrededor de la ventana.

6. Pega el transportador en el borde izquierdo de la tapa (o derecho si eres zurdo) y clava una tachuela en el orificio central.

7. Corta un trozo de hilo de 15 cm y átale una tuerca

metálica en un extremo y el otro alrededor de la tachuela.

8. Pega la brújula en el borde inferior de la tapa.
9. Coge uno de los diagramas fotocopiados y sujétalo en la parte inferior de la tapa con un *fastener*. Asegúrate de que el diagrama gire con facilidad. Ya tienes un instrumento que te permitirá tomar medidas precisas de las tonalidades de azul del cielo.

Observación del cielo

Material necesario

Cianómetro

Diagramas del experimento «Cianómetro»

Ahora tendrás la ocasión de utilizar tu cianómetro (del experimento «Cianómetro») para tomar medidas precisas del azul del cielo. Anota los resultados en una tabla cromática para presentar al jurado del concurso.

Procedimiento

1. Con la ayuda de la brújula del cianómetro, sitúate mirando al norte y gira el diagrama para que el N quede arriba.

2. Mira a través de la ventana y realiza tu primera observación a nivel del horizonte. Como verás, el hilo que cuelga junto al transportador indica 0°.

3. Haz coincidir el color del cielo con uno de los cuadrados pintados y anota el número (o letra) en la tabla.

4. Imagina que estás de pie en el centro de un gran reloj. Vuelve el rostro hasta ver la una y gira el diagrama hasta que el «1» esté arriba.

5. Realiza la segunda observación, haciendo coincidir la tonalidad del cielo con uno de los cuadrados pintados, y anota el número o letra.

6. Colócate de cara a las dos, gira el diagrama y efectúa la tercera observación.

7. Repite la misma operación hasta completar el círculo y haber observado todo el horizonte.

8. Inclina la tapa hacia arriba, en un ángulo de 30° (usa el hilo del transportador para orientarte), y repite los pasos 2-7. Continúa hasta que hayas cubierto todo el cielo.

9. Aquí es donde entra en acción la pintura sobrante que has guardado en los vasos de papel. Retira el diagrama de la caja de observación y píntalo, utilizando a

modo de guía los números y letras. Finalizado el trabajo, dispondrás de un mapa celeste completo y pintado. No olvides anotar la fecha y la hora del día en cada diagrama pintado.

10. Repite los pasos 1-8 varias veces al día para comparar los diagramas.

Resultado

Te asombrará comprobar la gran cantidad de matices de azul que hay en el cielo de un día cualquiera. Pero como verás, la región de azul intenso se desplaza dependiendo de la hora del día en que hayas efectuado la observación.

Explicación

Las zonas numeradas de azul representan las variaciones de azul de un cielo despejado, incluyendo el cielo azul intenso, mientras que las designadas con letras muestran la «contaminación azul» originada por el *smog* o la luz solar rojiza. Cuanto más tarde realices las observaciones, más marrón verás en el horizonte y más rojo apreciarás en la región occidental del cielo.

Pero ¿por qué es azul el cielo? En realidad, la luz solar blanca se compone de muchos colores, o longitudes de onda, de luz mezclada. Al pasar a través de la atmósfera de la Tierra, las moléculas de aire y las partículas de polvo absorben la mayor parte de la luz, pero dispersan la restante. El tamaño de las partículas y el espesor de la atmósfera determinan el tipo de dispersión y el color resultante del cielo. Las partículas más pequeñas dispersan longitudes de onda más cortas (azul pálido) y las más grandes dispersan longitudes de onda más largas (luz roja). Los científicos lo denominan dispersión selectiva.

Un cielo azul intenso no sólo significa que las partículas en la atmósfera son muy pequeñas, sino también que el aire está relativamente libre de polvo, vapor de agua o contaminantes artificiales. Estas impurezas se encargan de «barrer» las tonalidades más intensas del cielo.

Respecto a la región más oscura del cielo, o área de azul más intenso, el causante de su emplazamiento es la posición del sol. Esto se debe a que la luz solar se refracta (desvía) al viajar a través de la atmósfera, y esta desviación influye en el color del cielo.

Veamos una simple fórmula para localizar la región de cielo intenso a cualquier hora del día. Imagina que el sol viaja a través del cielo describiendo un gigantesco semicírculo, como si estuviera sujeto a un transportador de dimensiones colosales. Cuando está bajo en el horizonte, el azul más intenso está situado alrededor de 90° más lejos, más o menos en el círculo más interior del cianómetro, y cuando se halla directamente en la vertical de tu cabeza o en el centro del cianómetro, está alrededor de 45° en todas direcciones, como un halo. Si realizas cuidadosas observaciones en diferentes momentos del día también podrás establecer determinadas relaciones angulares adicionales entre el cielo intenso y la posición del sol.

¿Lo sabías?

La Tierra probablemente sea el único planeta de nuestro

sistema solar cuyo cielo es de color azul. Las fotografías enviadas desde la superficie de Marte muestran una bóveda celeste rosa. Según los astrónomos, el color rosa es el resultado de la presencia de óxidos de hierro en las partículas de polvo que se arremolinan constantemente alrededor del planeta.

Caja lunar

Material necesario
Caja de zapatos con tapa
Bola de poliuretano (de unos 2,5 cm de diámetro)
Hilo negro
Clip
Fastener
Adhesivo
Pintura acrílica: azul, blanco, negro y amarillo
Cartulina negra
Compás
Rotulador
Regla
Tijeras
Pequeña linterna
Cinta aislante

¿Sabes qué aspecto tendrá la luna esta noche? Aunque la mayoría de la gente es capaz de reconocer y nombrar las diferentes fases de la luna, un experimento como éste es ideal para comprender perfectamente en qué consisten.

PRIMERA PARTE
Perforación de los visores

Procedimiento
1. Quita la tapa de la caja de zapatos y usa el alfiler del compás para practicar ocho orificios alrededor del centro de la caja. Luego, ensánchalos introduciendo un lápiz y numéralos del 1 al 8.
2. Con un lápiz y una regla traza cuatro líneas desde el borde superior de la caja hasta la base, cruzando los orificios 1, 3, 5 y 7. Estas líneas dividirán la caja en cuatro cuartos lunares.
3. Pinta de azul oscuro las áreas entre los orificios 1-3 y

5-7, y de azul pálido las situadas entre los orificios 3-5 y 7-1. Pinta de azul oscuro la cara exterior de la tapa.

4. Pinta de negro el interior de la caja y de la tapa. Déjalo secar.

5. Coloca la tapa en la caja y con el rotulador escribe los números 1 al 8 en el lateral de la tapa, sobre los orificios.

6. A unos 2,5 cm por debajo del orificio 5, practica otro orificio lo bastante grande como para ajustar el cabezal de la linterna.

7. Con el compás traza ocho pequeñas circunferencias en la cartulina negra.

8. Usa la pintura de color amarillo para reproducir las fases de la luna y luego pega cada círculo sobre su orificio correspondiente en la caja.

SEGUNDA PARTE
Modelo lunar

Procedimiento

1. Simula los «cráteres» en la bola de poliuretano ejerciendo presión con la goma de la punta del lápiz. Tam-

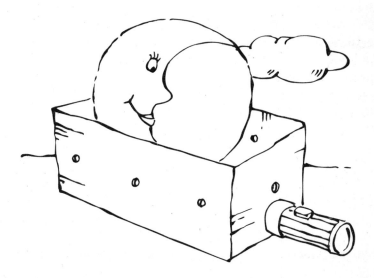

bién puedes pintar la bola para crear una mayor textura lunar.

2. Desdobla un clip y clávalo en la luna para disponer de un gancho en el que atar el hilo.

3. Usa la regla para medir la distancia entre uno de los orificios de la caja y el borde superior de la tapa. Corta un trozo de hilo aproximadamente 2,5 cm más largo que dicha medida.

4. Ata un extremo del hilo en el clip y el otro en un *fastener*, que previamente habrás colocado en el centro de la tapa, clavando las dos patas.

5. Pon la tapa con cuidado (con la luna colgando) en la caja de zapatos.

6. Coloca la linterna sobre un par de libros de tal modo que su cabezal se ajuste en el orificio de la caja que has practicado con anterioridad.

7. Enciende la linterna y mira a través de los visores.

Investigación: Cada orificio simula una fase diferente de la luna a causa del ángulo distinto de la linterna y la bola de poliuretano.

Explicación

Cuando los astrónomos hablan de las fases de la luna, se refieren a la cantidad de superficie lunar iluminada por la luz del sol que se puede ver desde la Tierra. Cada uno de los ocho visores muestra una visión diferente de la luna a medida que va transcurriendo el mes lunar. Los números 1, 3, 5 y 7 representan lo que los astrónomos llaman fases cardinales de la luna, ya que cada una de ellas tiene una forma distinta y se produce en un momento concreto en el tiempo, mientras que los números 2, 4, 6 y 8 representan segmentos, puesto que nuestro satélite crece o decrece continuamente entre las fases cardinales.

Las fases cardinales se llaman: luna nueva, cuarto creciente, luna llena y cuarto menguante, y los segmentos lunares se denominan: tercio creciente, luna gibosa creciente, luna gibosa menguante y tercio menguante.

Aunque la luna nueva, representada por el círculo negro, dispone de un visor, lo cierto es que es invisible. Durante esta fase, la luna está situada entre la Tierra y el sol, de manera que no podemos ver la luz solar reflejándose en su superficie. Hay una excepción. En efecto, en contadas ocasiones se puede ver la luna nueva. ¿Lo adivinas? Cuando la luna pasa frente al sol crea uno de los espectáculos más fascinantes de la naturaleza: el eclipse solar.

¿Lo sabías?

Quizá te preguntes por qué los astrónomos bautizaron como cuarto creciente y cuarto menguante a lo que hubiese sido mucho más fácil describir como media luna. Sin embargo, si piensas en nuestro satélite como en una esfera y visualizas qué parte de la misma refleja la luz solar, verás que lo que desde la Tierra parece una media luna, en realidad sólo es un cuarto de la esfera. Esto significa que también se podría denominar media luna a la luna llena..., aunque hasta la fecha a nadie le ha seducido esta idea.

El parpadeo de las estrellas

Material necesario

Cuenco de cristal profundo (transparente)
Papel de aluminio
Pintura acrílica
    negra
Cartulina negra
Linterna
Libros
Clavos gruesos y finos
Cinta de celofán
Canicas
Pincel
Agua

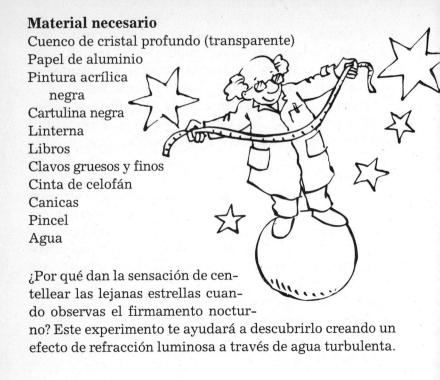

¿Por qué dan la sensación de centellear las lejanas estrellas cuando observas el firmamento nocturno? Este experimento te ayudará a descubrirlo creando un efecto de refracción luminosa a través de agua turbulenta.

PRIMERA PARTE
Construcción del cuenco estelar

Procedimiento

1. Recubre el cuenco con papel de aluminio, de manera que puedas ver la cara brillante a través del cristal.
2. Llena el cuenco de agua hasta tres cuartas partes.
3. Practica un orificio en el aluminio, lo bastante grande como para que pase el cabezal de la linterna.
4. Coloca la linterna sobre unos cuantos libros, procurando que al encenderla su haz pase a través del agua. Envuelve los bordes del cabezal de la linterna con más papel de aluminio para evitar que se escape la luz.

5. Cubre la sección superior del cuenco con otra hoja de papel de aluminio, siempre con la cara brillante hacia abajo, y píntala de negro.
6. Con un clavo fino practica varios orificios en el aluminio pintado, trazando la forma de una constelación. Luego, con el clavo más grueso, practica orificios más grandes para los planetas.
7. Arranca un trocito de aluminio en el borde del cuenco, del diámetro de una canica, y cubre el orificio con un pedacito de cartulina negra. Pega la cartulina al borde, de manera que forme una especie de alerón.

SEGUNDA PARTE
Parpadeo de las estrellas

Procedimiento
1. Lleva el cuenco estelar a un lugar oscuro, o ten a mano una manta para taparte mientras observas las «estrellas».
2. Enciende la linterna y mira la hoja de papel de aluminio de color negro. Advertirás una luz regular en todos los orificios.
3. Levanta el alerón y echa varias canicas en el cuenco. Disfruta del efecto del parpadeo de las estrellas.

Resultado
La turbulencia del agua provocada por la caída de las canicas hace que los orificios más pequeños, o «estrellas», centelleen. La luz de los «planetas» también titila, aunque el efecto es mucho menos apreciable.

Explicación
Al echar las canicas en el cuenco, el agua se ondula, y esta ondulación desvía y distorsiona la luz mientras viaja a través del agua, reflejada por el papel de aluminio. Las estrellas dan la impresión de parpadear porque su lejana luz

recorre millones de kilómetros en el espacio y pasa a través de diferentes capas de aire en la atmósfera terrestre. Estas capas tienen distintos espesores y en ocasiones presentan turbulencias, de manera que la luz estelar no viaja en línea recta, sino que se desvía o refracta miles de veces por segundo (lo llamamos parpadeo) antes de llegar a la Tierra. La luz más potente de los planetas resulta menos afectada por las turbulencias de la atmósfera terrestre.

¿Lo sabías?

Los astrónomos miden la distancia de las estrellas en años luz, es decir, la distancia que recorre la luz en un año. Teniendo en cuenta que la luz viaja a casi 300.000 km/seg, ya puedes imaginar lo voluminosas que son las cifras cuando los años luz se traducen a kilómetros. Por ejemplo, la distancia que recorre la luz en un año (año luz) equivale a 9,46 trillones de kilómetros.

Pero ¿a qué distancia de la Tierra está Proxima Centauri, la estrella más cercana? Si la Tierra encogiera hasta convertirse en un grano de arena y la colocáramos en la ciudad de San Francisco, Proxima Centauri estaría en Arizona, justo al sur del Gran Cañón.

Refracción estelar

Material necesario
Cartulina negra
Bolsa de basura de plástico de color negro
Linterna o pequeña lámpara de escritorio
Alfiler
Tijeras
Cinta aislante
Media vieja de nailon
Aro de bordar (optativo)

El ojo humano no es capaz de enfocar un objeto tan distante como una estrella ni siquiera con el más poderoso de los telescopios. Las estrellas están tan lejos de la Tierra que al mirar al firmamento no ves los objetos estelares propiamente dichos, sino sólo las pautas de refracción de su luz a lo largo de millones de kilómetros. Este experimento simula las pautas de refracción de estrellas lejanas visualizando puntitos de luz a través de un gradiente de media de nailon.

Procedimiento
1. Traza la figura adjunta en la cartulina, recórtala y dóblala formando un cono. Asegúrala con cinta adhesiva si es necesario. El extremo estrecho del cono debería ser lo bastante ancho para contener la linterna.

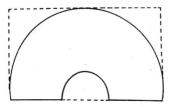

2. Coloca el extremo ancho del cono en el suelo y pega la linterna en el extremo estrecho con cinta adhesiva.

3. Pon el cono en una bolsa de basura de color negro y ténsala sobre el extremo ancho, como si fuera un tambor. Enrosca el resto de la bolsa a lo largo del cono y asegúrala con cinta adhesiva en la linterna, justo encima del interruptor. Utiliza las tijeras para recortar el exceso de bolsa.

4. Gira el cono y practica varios orificios en el «parche» del extremo ancho con el alfiler, procurando que no queden demasiado juntos. Espácialos para recrear un cielo nocturno estrellado.

5. Recorta la media de nailon hasta disponer de un retal ligeramente más pequeño que el área del aro de bordar. Tensa el nailon en el aro.

6. La visualización de la luz estelar da mejores resultados en una estancia a oscuras. Enciende la linterna y sitúate a 3 m del extremo ancho del cono.

7. Sostén el aro de bordar y observa los puntitos de luz a través del nailon tensado. Si no dispones de un aro de bordar, simplemente tensa el nailon frente a los ojos.

Resultado

En la oscuridad, aparecerán minúsculos puntitos de luz en el extremo ancho del cono. Como observarás, dichos puntos ya tienen una forma reconocible de luz estelar al mi-

rarlos directamente, pero al hacerlo a través del nailon se produce una pauta de refracción muy clara con rayos rodeando la corona de la estrella y pronunciados halos envolviendo cada puntito de luz: ¡auténtica luz estelar!

¿Lo sabías?

Cuando la luz de las estrellas llega a la Tierra tiene miles, si no millones, de años. Es muy probable que las estrellas que ves ya no existan y que nuevas estrellas estén ahora refulgiendo en los cielos, aunque los astrónomos no las descubrirán hasta dentro de muchísimo tiempo.

Erosión laminar

Material necesario
Bandeja de plástico de jardinera con un orificio inferior
Tierra arenosa o tierra de jardín mezclada con arena
5 monedas
Regadera
5 tapas metálicas de botes pequeños

Erosión laminar significa que el agua, al descender desde las elevaciones, arrastra las partículas de tierra fina, dejando en las planicies más altas las partículas más gruesas y protegidas. La erosión laminar originó las grandes formaciones de piedra caliza del sudoeste de Estados Unidos. En la región del desierto Pintado, en Arizona, por ejemplo, algunas áreas de terreno cubiertas de roca quedaron protegidas de la erosión de las aguas. Miles de años después, estas formaciones rocosas se elevan en forma de torreones en medio de un paisaje muy erosionado. Este experimento recrea este paisaje en miniatura.

Procedimiento
1. Lleva la bandeja de jardinera al patio o al jardín y llénala de tierra arenosa hasta el borde.
2. Distribuye las tapas y las monedas sobre la tierra, ejerciendo una ligera presión sobre ellas.
3. Llena la regadera y riega suavemente la bandeja, dejando que drene el agua antes de reanudar el riego. No dejes que la bandeja se inunde.
4. Deja secar la tierra y repite el paso 3.
5. Deja secar de nuevo la tierra. Retira con cuidado las tapas y las monedas.

Resultado
La tierra situada debajo de las tapas y monedas ha formado pequeños pedestales y planicies.

Explicación

Las partículas protegidas de tierra debajo de las tapas y monedas han quedado a salvo de la erosión. Mientras la tierra a su alrededor sufría los efectos de la erosión, las áreas protegidas han formado pedestales y planicies.

¿Lo sabías?

Cuando el departamento de obras públicas amplía las áreas de playa acarreando arena de otros lugares, deben tener mucho cuidado de que el grosor de los granos coincida. Diferentes tamaños de granos de arena empeoran la erosión; una deficiente combinación de arena puede ser barrida rápidamente por el mar. La coincidencia de los granos de arena es especialmente importante en la construcción de vertederos.

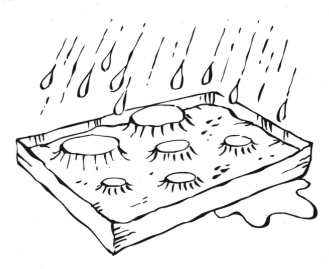

Partir una piedra

Material necesario
Globo
Agua
Papel maché
Pintura marrón y negra
Pincel
Congelador

¿Son capaces de partir piedras y romper montañas los cristales de hielo? ¿Es posible que la más pequeña de las gotitas de agua, al congelarse, sea capaz de resquebrajar la más imponente de las rocas? Descúbrelo construyendo una «piedra» con un globo lleno de agua y papel maché. Si nunca has usado papel maché, pide la ayuda de un adulto en la primera parte del experimento.

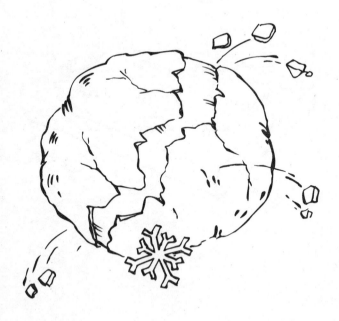

Confección de una piedra de papel maché

Procedimiento
1. Llena de agua un globo hasta tres cuartas partes de su capacidad.
2. Mezcla harina y agua hasta formar una pasta espesa, y añade pequeñas tiras de papel de periódico.
3. Aplica con cuidado cada tira de papel de periódico revestida de pasta sobre la superficie del globo hasta recubrirlo por completo de papel maché.
4. Deja secar el globo toda la noche o hasta que el papel maché esté duro y quebradizo.

Congelación de la piedra

Procedimiento
1. Para que el globo se parezca más a una piedra, pinta el papel maché de negro y marrón.
2. Coloca la piedra en un congelador y déjala veinticuatro horas.
3. Retira la piedra del congelador y examina su superficie.

Resultado
La piedra se ha partido o abierto como consecuencia de la congelación del agua en el interior del globo y la dilatación del hielo en sus fisuras.

Explicación
La mayoría de los materiales se dilatan al calentarse y se contraen al enfriarse, pero el agua se dilata al enfriarse y forma cristales de hielo. El agua líquida forma largas cadenas de moléculas que se filtran fácilmente por los intersticios huecos del interior de la roca. Al congelarse el agua, los cristales de hielo se dilatan y se convierten en

una especie de cuña que empuja los pequeños espacios y los obliga a separarse, lo que quiebra la roca.

¿Lo sabías?

El agua que penetra en las fisuras y luego se congela es la causa principal del agrietamiento del pavimento. Las viejas superficies son las más afectadas, ya que el desgaste habitual puede crear grietas e irregularidades allí donde se acumula y congela el agua.

El principio del paralaje

Material necesario

Listón de madera de 75 cm × 15 cm, y 1,30 cm de grosor
2 transportadores (semicírculos graduados)
   con orificio central
Regla
Lápiz y papel
Pajita de plástico para refrescos
Tijeras
Tachuela
Cinta métrica
Adhesivo epoxi
Cuerda de cometa
3 ayudantes
Área despejada para hacer mediciones
Cinta adhesiva
Clip

El principio del paralaje para calcular distancias fue descubierto por el matemático griego Aristarco de Samos alrededor del año 270 a. C. Desde dos puntos de observación, los astrónomos estudian el objeto que hay que medir en relación con los objetos del fondo. Lo que realmente les interesa es la forma en que cambia de posición el objeto más próximo respecto a los objetos más lejanos.

Una vez medido este cambio de posición, los astrónomos utilizan un método llamado «triangulación», que les ayuda a calcular distancias. La triangulación consiste en trazar un triángulo imaginario que una dos puntos de observación con el objeto a medir, y luego se emplean las dimensiones del triángulo para calcular dimensiones desconocidas, una de las cuales será la distancia del objeto.

Aunque en teoría parece muy simple, en el cálculo de una distancia mediante los ángulos de paralaje hay que aplicar complejas fórmulas trigonométricas para conseguir resultados precisos. En este experimento se utilizan dos tipos de triangulación que proporcionan resultados bastante precisos, al tiempo que demuestran por qué es tan importante el paralaje para los astrónomos.

PRIMERA PARTE
Instrumento simple de triangulación

Procedimiento

1. Apoya el listón de madera sobre uno de los lados cortos y pega la sección correspondiente a la regla del transportador en el otro lado corto. La sección circular del transportador debería sobresalir del listón.
2. Corta un trozo de 5 cm de la pajita de plástico y luego recorta oblicuamente, en diagonal, uno de sus extremos para que quede en punta.
3. Desdobla un clip hasta que tenga forma de «U». Corta el resto del clip.
4. Desliza el clip por el exterior de la pajita hasta 2,5 cm desde el extremo en punta, formando una mirilla, y

asegúralo con una tira de cinta adhesiva para que quede bien sujeto a la pajita.

5. Pon la pajita sobre el transportador, de manera que el extremo en punta quede ligeramente superpuesto sobre la curva interior del semicírculo. Comprueba que las dos púas de la mirilla apunten hacia arriba. Atraviesa la pajita con una tachuela y pásala por el orificio central del transportador. La pajita debería pivotar libremente sobre el semicírculo.

SEGUNDA PARTE
Medición de distancias

Procedimiento

1. Busca un lugar espacioso y llano. El ayudante número uno será la luna y se situará a una relativa distancia de ti.
2. Usa la cinta métrica y la cinta adhesiva para trazar una línea de posición opuesta a la luna. Cuanto más lejos esté tu amigo, más larga debería ser la línea (hasta un máximo de 12 m). Asegúrate de medir con exactitud la línea de posición, prolongándola o acortándola para evitar los decimales.
3. En el extremo izquierdo de la línea de posición marca una «A» con cinta adhesiva, y en el derecho una «B».
4. Lleva el instrumento de observación al extremo A y apoya el lado corto del listón directamente sobre la línea.
5. Mientras el ayudante número dos sostiene el listón, agáchate y mira a través de la mirilla, desplazándola si es necesario, hasta que la luna esté situada entre las dos púas.
6. Dile al ayudante número dos que anote la lectura en grados que se puede observar en la base del borde de la sección curvada del transportador.
7. Lleva el instrumento de observación al extremo B de la línea y repite esta operación, pero esta vez serás tú quien anote la lectura en grados del transportador.

8. Una vez tomadas las medidas, vuelve al punto A y coge el rollo de cuerda de cometa. Mientras sujetas un extremo, pide al ayudante número dos que camine hacia la luna, desenrollando el ovillo de cuerda.

9. Cuando el ayudante número dos llegue a la luna, tensa la cuerda para que forme una línea recta entre el extremo A y la luna. A una señal, tu ayudante cortará la cuerda y volverá a enrollarla: es la medida real de la distancia con la que compararás tus cálculos.

TERCERA PARTE

Lápiz y papel

Procedimiento

1. En un trozo de papel traza la línea de posición a escala (0,6 cm = 30 cm) y marca los extremos A y B.

2. Coloca el orificio central del transportador sobre A y traza una línea desde A que corresponda a la primera lectura en grados en la posición A.

3. Desplaza el transportador hasta B y repite la misma operación. Donde las líneas se corten indicará, a escala, la posición de la luna. Llámalo ángulo «C». *Nota:* puedes calcular fácilmente los grados de este ángulo sumando las lecturas de A y B y restando el resultado de 180°. (Según una regla de geometría, todos los ángulos de un triángulo deben sumar 180°.)

4. Mide la distancia AC del triángulo y traduce la medida en centímetros. Representa la distancia real que te separa de la luna.

5. Para verificar los resultados, mide (en secciones) la longitud de la cuerda de cometa y compárala con la obtenida con la cinta.

Resultado

La medida de la cuerda de cometa debería ser aproximada a la medida en centímetros. Aunque es un método rudi-

mentario comparado con los cálculos trigonométricos, te
dará una idea de cómo funciona el principio del paralaje.

Explicación

Para comprender la fórmula general que subyace al principio del paralaje, vuelve a echar un vistazo a la sección cur-
vilínea del transportador, recordando que el círculo es tan
importante como el triángulo en el cálculo de distancias. En
el diagrama puedes ver que el triángulo crece desde el centro de un círculo imaginario. Mejor aún, imagina que este
triángulo se mueve alrededor del círculo como el minutero
de un reloj. No olvides que una circunferencia tiene 360°.

Llama «A» a la sección oscura entre los dos lados del
triángulo (diámetro angular) y «L» a la línea de posición.
Mientras imaginas el triángulo desplazándose alrededor
del círculo, fíjate cómo A va barriendo el área del círculo,
mientras que L se mueve a lo largo de la circunferencia.
Esto significa que A está relacionado con el área del círculo al igual que L lo está con la longitud de la circunferencia. O dicho de otro modo:

A y L son fracciones idénticas del círculo.

De ahí que las medidas exactas en grados sean tan importantes a la hora de calcular las dimensiones de los triángulos.

Desplazamiento del paralaje

Material necesario
Cinta adhesiva
Cinta métrica
3 ayudantes
Binoculares (optativo)
Área despejada y llana para hacer mediciones

Puedes combinar este experimento con «El principio del paralaje».

Los topógrafos y los astrónomos utilizan el desplazamiento del paralaje para medir distancias a objetos lejanos. Desde dos puntos de observación, contemplan el objeto más próximo en relación con los objetos del fondo. Lo que realmente les interesa es la forma en que el objeto más próximo parece cambiar de posición respecto a los más alejados. A partir de este grado de desplazamiento calculan la distancia aproximada del objeto en cuestión.

Con este experimento, basta cinta adhesiva, cinta métrica y tres amigos para demostrar la ingenuidad de este antiguo método de medida.

Procedimiento
1. Traza una línea de posición con cinta adhesiva de, como mínimo, 2 m de longitud, con dos extremos, A y B, y un punto central X.
2. Dile a uno de tus amigos, la luna, que se sitúe a una cierta distancia del punto X. No la midas.
3. Pide a tus otros dos ayudantes que se coloquen a su espalda, a 15 m de distancia. Serán la estrella 1 y la estrella 2.
4. Colócate en el punto X y observa la luna en relación con las estrellas del fondo.

5. Desplázate hasta el extremo B de la línea de posición y observa el aparente desplazamiento de la luna en relación con las estrellas.

6. Desde B, dile a la estrella 1 que camine hacia la derecha hasta quedar completamente oculta por la luna.

Nota: Unos binoculares ayudarán a las estrellas a comprender tus instrucciones con más claridad.

7. Dirígete hasta el extremo A de la línea de posición y vuelve a observar el desplazamiento de la luna.

8. Ahora, dile a la estrella 2 que camine hacia la derecha hasta quedar completamente oculta por la luna.

9. Diles a las estrellas que midan con la cinta métrica la nueva distancia que media entre ellas.

10. Calcula la distancia con la fórmula que se indica a continuación. La distancia a la luna es igual a la nueva distancia entre las estrellas (ND) dividida por la línea de posición (LP):

$$\frac{ND}{LP} = \text{Distancia a la luna}$$

Si la nueva distancia entre las estrellas es de 15 m y la línea de posición mide 2 m, entonces 15 dividido por 2 es igual a 7,5 m, es decir, la distancia de X a la luna.

¿Lo sabías?

Los astrónomos también emplean el principio del paralaje para medir las distancias a las estrellas, aunque éstas están tan distantes que la línea de posición tiene que ser muchísimo más larga que el diámetro de la Tierra. Para resolver este problema, utilizan el diámetro de la órbita terrestre alrededor del sol.

Cálculo de alturas

Material necesario
Calculadora científica (no estándar)
Regla
Transportador (semicírculo graduado)
Lápiz y papel

El término «trigonometría» procede de los términos griegos *trigonon* y *metria*, que significan «medida de los triángulos». Hace mucho tiempo, los antiguos griegos descubrieron que era útil calcular las relaciones entre los lados y los ángulos de un triángulo rectángulo (con un ángulo de 90°) y luego expresar dichas relaciones en una fórmula.

No tardaron en darse cuenta de que, independientemente del tamaño y la forma del triángulo rectángulo, algunas relaciones son inmutables, lo cual les permitió calcular la longitud de un lado de un triángulo rectángulo conociendo la longitud y los ángulos de los otros dos.

Como es lógico, los griegos tenían que calcular manualmente sus fórmulas para dar con las respuestas correctas. Hoy en día, las calculadoras han acelerado de un modo extraordinario este proceso. Es muy fácil calcular los lados de un triángulo rectángulo utilizando la función tangente (Tan) de la calculadora.

Procedimiento
1. Con la regla y un transportador traza un triángulo rectángulo, etiquetando los vértices (A, B y C) y los lados («cateto opuesto», «cateto adyacente» e «hipotenusa»). Usa el transportador para comprobar que el ángulo del vértice B mide 35°. Al tratarse de un triángulo rectángulo, ya sabes que el ángulo del vértice C mide 90°.
2. Imagina que es un triángulo de grandes dimensiones, de manera que el lado BC mida 100 m, y que el lado AC represente la altura desconocida de una torre.

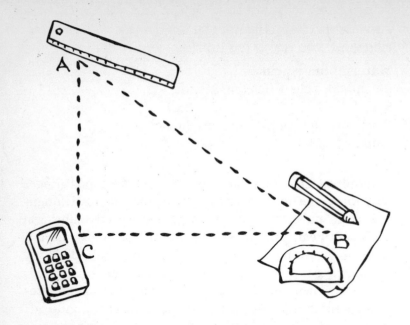

3. Calcula la altura de la torre (línea AC) introduciendo la siguiente fórmula en tu calculadora:

Introduce: 100
Pulsa: o * (veces)
Introduce: 35
Pulsa: Tan (función tangente)
Pulsa: =

4. El resultado debería ser 70.0, es decir, 70 m, lo que significa que si un ángulo mide 35°, la longitud del cateto opuesto a dicho ángulo será siempre 0,7 veces la longitud del cateto adyacente.

¿Lo sabías?
La función tangente de la calculadora se puede utilizar para calcular otros lados de un triángulo rectángulo. Para saber cuál es la longitud del cateto adyacente partiendo de la base de que el cateto opuesto mide 70 m, divide la lon-

gitud del cateto opuesto por la tangente de 35°. La operación que debes realizar es la siguiente:

Introduce: 70
Pulsa: (signo de la división) o /
Introduce: 35
Pulsa: Tan
Pulsa: =

El resultado es 99.97, que podemos redondear a 100 m.

Tierras raras (metales)

Material necesario

Imán en forma de herradura o «U»
Cuerda o hilo
Bolsa de plástico para bocadillos
Fastener
2 botes de cristal de boca ancha
Cuchara
Toallita de papel
Lupa
Tierra
Varilla de madera

La tierra del jardín contiene minúsculas partículas de material magnético. Una forma fácil de descubrirlo y estudiarlo consiste en usar un imán y muestras de tierra. Este método puede revelar la existencia de residuos de unos metales que en términos químicos se conocen como «tierras raras» o «lantánidos», la mayor parte de los cuales se hallan a una considerable profundidad.

Procedimiento

1. Corta un trozo de cuerda o hilo de 30 cm y ata un extremo al imán en forma de U, asegurándote de que los extremos, o polos del imán, apuntan hacia abajo.
2. Introduce el imán en la bolsa de plástico, ténsala en los polos y cierra la abertura con un *fastener*. De este modo, el imán no se mojará.
3. Llena de agua los dos botes de cristal hasta tres cuartas partes y añade 3 cucharadas de tierra en el primero, removiendo la mezcla de tierra y agua con la varilla de madera.

4. Mientras la tierra da vueltas en el agua, sumerge hasta el fondo del bote el imán embolsado y luego vuelve a tirar de él hasta la superficie. Repítelo varias veces o hasta que la tierra empiece a depositarse en el fondo del bote.

5. Extrae con cuidado el imán y observa sus polos.

6. Sumerge el imán en el segundo bote de agua potable y retira la bolsa de plástico para que las partículas caigan al fondo.

7. Vuelve a ajustar la bolsa y repite esta operación hasta que el imán ya no capture partículas de la mezcla de tierra y agua.

8. Vierte con cuidado el agua del bote que contiene las partículas hasta que sólo quede un poquito de agua en el fondo.

9. Vierte esta agua restante y la mezcla de partículas sobre una toallita de papel y déjala secar. Luego observa con una lupa las partículas secas.

Resultado

La primera vez que sumerges el imán en el bote, pequeñas partículas grises, negras, blancas y rojas quedan adheridas a la bolsa de plástico, atraídas por el imán. Al sumergirlo en el segundo bote de agua potable y retirar la bolsa de plástico, las partículas se desprenden. Repitiendo este proceso varias veces, elimina la mayoría de las partículas magnéticas de la muestra de tierra. Al dejarlas secar en la toallita de papel, se pueden observar con facilidad.

Explicación

Las partículas pertenecen a una clase de materiales magnéticos llamados «ferritas». En tu colección es probable que haya magnetita (hierro natural), manganeso, magnesio, zinc, bario, estroncio, óxido de hierro y diminutos fragmentos de materiales de terminología tan extraña como hematita (un mineral de hierro), ilmenita (un mineral de titanio) e itrio (partículas rojas).

Estos metales no sólo se han formado en rocas ígneas

(elaboradas mediante un proceso de calor), sino que, por el mero hecho de haberlas encontrado en tu patio o jardín, puedes tener la casi absoluta seguridad de que existen depósitos metálicos de mayor envergadura cerca de la superficie.

¿Lo sabías?

Estudiando el campo magnético de la Tierra los científicos pueden recopilar importante información sobre la composición del suelo. Por ejemplo, los geólogos pueden encontrar valiosos depósitos minerales subterráneos desde un avión, con la ayuda de magnetómetros, unos instrumentos sensibles capaces de indicar la presencia de grandes yacimientos.

Filtración magnética

Material necesario
Pieza de hierro oxidado
Arena fina
Papel de lija de grano fino
Hoja de papel blanco
Cuchara sopera
Plato pequeño
Varilla de madera
Imán en forma de herradura
Bolsitas de plástico
Cierres para bolsas
Cuenco pequeño de agua

A menudo los geólogos se ven ante la necesidad de separar materiales de la tierra que tienen el mismo aspecto pero propiedades diferentes. Esto es especialmente cierto en el caso de los materiales ferromagnéticos, es decir, los que tienen propiedades magnéticas. Las partículas ferromagnéticas son muy parecidas a la arena o la arcilla, aunque con una importante diferencia: contienen una forma natural de hierro llamada magnetita.

Este experimento te enseña a confeccionar un simple filtro magnético para separar las partículas de hierro y la arena.

Procedimiento
1. Pon la hoja de papel blanco sobre una superficie plana y usa el papel de lija de grano fino para decapar el óxido del hierro sobre el papel hasta tener el suficiente como para llenar una cucharilla de café (5 ml).
2. Dobla el papel y vierte el óxido en polvo en el platito.
3. Añade dos cucharadas soperas (30 ml) de arena y mézclalo todo con la varilla de madera.
4. Mete el imán en forma de herradura dentro de una bolsita de plástico, con los polos apuntando hacia el fondo de la bolsa, y átala con un cierre para bolsas.

5. Introduce el imán en la mezcla de óxido y arena, removiendo con cuidado la mezcla con la varilla. Las partículas de hierro y el óxido de hierro quedarán adheridos a la bolsa de plástico.

6. Retira el imán de la mezcla y sumerge los polos del imán, dentro de la bolsa, en el cuenco de agua.

7. Sin sacar la bolsa del agua, retira el cierre y extrae el imán.

8. Agita suavemente la bolsa en el agua hasta que se hayan desprendido todas las partículas.

9. Repite los pasos 4-6 con otras bolsitas de plástico hasta extraer todas las partículas de hierro de la arena.

Resultado

Las partículas de hierro, atraídas por el imán dentro de la bolsa, se separan de las partículas de arena no magnéticas. Al sumergir el imán en el cuenco de agua y luego extraerlo de la bolsa, las partículas de hierro se desprenden y se precipitan al fondo del cuenco. Si hierves el agua en el cuenco hasta que se evapore, podrás recoger de nuevo las partículas de hierro y presentarlas junto a la arena.

¿Lo sabías?

Quienes trabajan en las fábricas de procesado de alimentos son conscientes de los peligros derivados de la presencia de fragmentos de metales en los productos alimenticios. Los granjeros, que comparten la misma preocupación respecto a su ganado, han ideado un sistema llamado «imán de vaca», que consiste en un pequeño imán redondeado que la vaca engulle cuando es un ternero. El imán es muy pequeño y muy suave, de tal modo que no perjudica de ningún modo al animal. Incluso podría decirse que lo protege, pues atrae las pequeñas piezas de alambre que puede tragar mientras pasta, evitando graves perforaciones en el estómago de la res.

Periscopio de caja

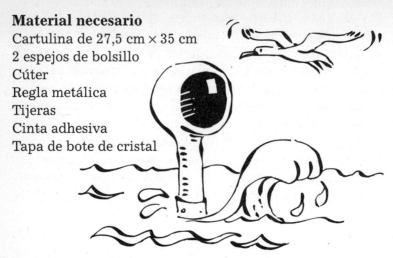

Material necesario
Cartulina de 27,5 cm × 35 cm
2 espejos de bolsillo
Cúter
Regla metálica
Tijeras
Cinta adhesiva
Tapa de bote de cristal

Los espejos son muy importantes para los astrónomos, pero también pueden resultar de utilidad para otras aplicaciones mucho menos intergalácticas. Sus propiedades reflectantes nos permiten ampliar el sentido de la visión, hasta el punto de poder ver alrededor, encima e incluso detrás de objetos gracias a complejas estructuras de espejos. El operador de un submarino utiliza una versión de este simple periscopio de caja para otear la superficie del océano, y los médicos usan una versión avanzada de periscopio (tubo de fibra óptica) para ver en el interior del cuerpo humano.

Este experimento te enseña a construir un periscopio de caja con espejos de bolsillo y cartulina. Tenlo a mano la próxima vez que quieras mirar lo que hay detrás de una tapia o alrededor de una esquina.

Procedimiento
1. Coloca la cartulina en una superficie plana y copia la plantilla de la figura siguiente, incluyendo las líneas de puntos. Traza los círculos en cada extremo de la figura con la ayuda de la tapa del bote.
2. Corta sólo a lo largo de las líneas continuas, incluyen-

do los círculos, pero no de las líneas de puntos, pues indican por dónde habrá que doblar la cartulina.

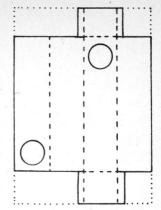

3. Pide a un adulto que te ayude en esta parte del proceso. Coloca la regla metálica junto a cada línea de puntos y márcala suavemente con el anverso del cúter. Te ayudará a doblar la cartulina.

4. Vuelve la plantilla del revés y dóblala.

5. Cierra la caja con una larga tira de cinta adhesiva donde se unen los bordes, dejando abiertas las dos alas de los extremos. Apoya la caja sobre uno de sus lados estrechos y largos, de manera que el orificio superior quede situado a la derecha.

6. Coloca una tira de cinta adhesiva en el borde de uno de los espejos de bolsillo y deslízalo en el extremo abierto de la caja, con la cara reflectante hacia arriba, hasta que sólo veas el espejo al mirar por la abertura.

7. Presiona la cinta adhesiva para que el espejo quede bien sujeto.

8. Vuelve la caja del revés, con el espejo en la parte superior, y empújalo con cuidado hasta que forme un ángulo de 45° en relación con el orificio.

9. Repite los pasos 6-8 para el segundo espejo en el extremo opuesto de la caja.

Resultado

Tu periscopio de caja constituye un diseño básico de periscopio: un conducto hueco con dos espejos encarados. Al entrar por un lado, la luz traza dos ángulos rectos antes de llegar a tus ojos en el otro extremo. Una segunda ventaja de este modelo consiste en que el segundo espejo corrige la imagen invertida del primero, lo que te permite leer rótulos con el periscopio.

Cartografía del fondo oceánico

Material necesario
Mesa pequeña
Dos sillas
Timbre con pulsador
Papel cuadriculado
Bolígrafo
Reloj con segundera
Ayudante

Los científicos usan el sonido para estudiar las formas de las cosas que no pueden ver directamente. Al enviar una onda acústica hacia un objeto distante, saben que aquélla rebotará en el objeto y regresará al punto de partida. Esta técnica, llamada ecolocalización o sonar, es similar a la que emplean los murciélagos para orientarse en la oscuridad. Pero ¿crees que la ecolocalización podría ayudar a los científicos a estudiar algo tan grande como el fondo oceánico? Con este experimento lo descubrirás.

PRIMERA PARTE

Escuchando los «pings»

Procedimiento

1. Siéntate frente a tu ayudante en la mesa pequeña, simulando que estáis en la sala de navegación de un barco enviado para cartografiar una región inexplorada del fondo marino.
2. Decide quién pulsará el timbre y quién anotará los resultados. El primero representará el dispositivo de eco-localización.
3. El barco envía el «ping» número uno al fondo oceánico. Quien esté a cargo del reloj deberá cronometrar el tiempo que transcurre en segundos hasta el «ping» siguiente («ping» de retorno) y anotarlo. El segundo «ping» representa el eco.
4. El barco envía el «ping» número dos, y ahora habrá que medir el tiempo que transcurre hasta su eco.
5. Seguid hasta completar ocho pares de «pings», registrando cada vez el intervalo entre el «ping» y su eco.

SEGUNDA PARTE

La ecuación del eco

Procedimiento

1. Aplica cada intervalo temporal a la siguiente ecuación, que representa el tiempo que tarda el «ping» en llegar hasta el fondo marino multiplicado por la velocidad del sonido en el agua (1.500 m/seg).

Tiempo (dividido por 2) × Velocidad del sonido en el agua = Profundidad del océano

Por ejemplo, si transcurrieron 4 segundos entre el «ping» número uno y su eco, entonces el sonido tardó 2 segundos en llegar al fondo oceánico.

$$2 \text{ seg} \times 1.500 \text{ m/seg} = 3.000 \text{ m}$$

2. Continua convirtiendo cada intervalo de tiempo en metros hasta completar las ocho parejas de ondas acústicas.

TERCERA PARTE

De las cifras al diagrama

Procedimiento

1. Dibuja, en una hoja de papel cuadriculado, un gráfico. En el eje vertical (o Y) coloca la profundidad en metros, de 0 a 6.000, a intervalos de 1.000, y en el eje horizontal (o X), el número de «pings». Señala con un punto la profundidad en metros que corresponde a cada «ping». Recuerda que en realidad un «ping» equivale a una pareja de «pings» (emisión y eco).
2. Une los puntos en el papel cuadriculado.

Resultado

Aparecerá una línea quebrada que representa la conversión de los intervalos temporales en metros de profundidad.

Explicación

Al unir los puntos, has convertido datos numéricos en una representación gráfica de un fondo oceánico imaginario. La topografía de este cauce marino está determinada por los intervalos entre cada «ping» y su eco correspondiente. El encargado de pulsar el timbre puede crear cualquier paisaje variando a su antojo los intervalos.

¿Lo sabías?

Aunque algunas zonas del fondo oceánico son llanas, como las Grandes Llanuras de Estados Unidos, otras están salpicadas de valles y montañas. La mayoría de las montañas son volcanes, y algunas son tan altas que emergen en la superficie marina y forman islas cuando entran en erupción. Los valles, que también se denominan fosas, son estrechos y profundos.

Aunque las fosas están distribuidas en todo el océano, las más profundas que han descubierto los científicos se hallan en el Pacífico. La fosa de las Marianas tiene casi 11.000 m de profundidad, es decir, son 2.000 m más profundas que la altura del monte Everest.

Cielo y tierra

Cálculo de la circunferencia de la Tierra
Medida de la saltación de la arena
Creación y conservación de dunas arenosas
Influencia del tamaño de los granos
en la absorción de agua
Recreación de la erosión natural
Variaciones de la viscosidad del petróleo
Cinco tipos de fosilización

Cálculo de la circunferencia de la Tierra

Material necesario

Palo extraíble de una fregona
Clip sujetapapeles metálico grande
Plomos pequeños de caña de pescar
Cinta métrica
Calculadora científica (no estándar)
Cuerda
Tiza

> **Nota:** Dado que este experimento requiere la colaboración de dos equipos (uno en otra localidad), cada equipo deberá disponer de los mismos accesorios que figuran en la lista «Material necesario». Construye dos instrumentos de medida idénticos.

El primer cálculo preciso de la circunferencia de la Tierra lo debemos al astrónomo griego Eratóstenes (276-194 a. C.), que era el bibliotecario mayor de la fabulosa biblioteca de Alejandría. Comparando la longitud y los ángulos de las sombras en Alejandría con los de la ciudad de Syene, situada a 800 km de distancia, Eratóstenes fue capaz de deducir que la distancia entre las dos ciudades representaba alrededor de 1/50 de la distancia alrededor de la Tierra.

Este experimento recrea el experimento de Eratóstenes con un par de instrumentos de medida y el complemento añadido de una moderna calculadora científica.

Construcción del instrumento de medida

Procedimiento

1. Mide y corta un trozo de cuerda de una longitud equivalente a tres cuartos del palo.

2. Ata un extremo de la cuerda a un plomo de caña de pescar, y el otro al clip sujetapapeles.

3. Ajusta el clip en el extremo superior del palo.

4. A mediodía, sostén el palo en posición vertical en un lugar soleado, de manera que la plomada (cuerda y plomo) quede paralela al palo. Pide a tu ayudante que verifique la verticalidad del palo desde distintos ángulos para asegurarse de que no está inclinado.

Medida sincronizada

Procedimiento

1. El equipo de la localidad remota deberá realizar los mismos preparativos para la toma de medidas.

2. A una señal convenida (una llamada de teléfono móvil, por ejemplo), ambos equipos medirán la sombra que proyecta el palo en el suelo. El medidor hará una señal con tiza allí donde termina la sombra, mientras quien sostiene el palo permanece inmóvil.

3. Con la cinta métrica, el medidor registrará la longitud de la sombra desde la base del palo hasta la marca de tiza.

Cálculo

Procedimiento

1. En primer lugar, los dos equipos deben calcular el ángulo del sol a partir de la medida que han tomado. Para ello, dividirán la longitud de la sombra por la longitud del palo. De este modo, obtendrán la tangente del ángulo A. Y para saber cuál es el ángulo solar a partir de la tangente, bastará pulsar la función tangente (Tan) de la calculadora.

2. Compara los ángulos entre los dos equipos, resta el menor del mayor y la diferencia es el resultado que buscas.

Divide 360 (grados de una circunferencia) por esta diferencia. El resultado de la división se denomina cociente. Multiplica el cociente por la distancia que media entre los dos equipos, y luego divide este número por π (3,14). A modo de ejemplo, imaginaremos que entre los dos equipos hay una distancia de 800 km. Si la diferencia en sus ángulos es de 7°, el cálculo sería el siguiente:

$$360° \div 7° = 51.42$$
$$51.42 \times 800 = 41.136 \text{ km}$$
$$41.136 \text{ km} \div 3.14 = 13.100 \text{ km}$$

Medida de la saltación de la arena

Material necesario
Cubitera de plástico
Baldosa o plancha acrílica pequeña
Arena natural (gruesa)
Arena de playa (mediana)
Arena de acuario (fina)
Secador de pelo
Libros
Vaso
Cucharita de café o cuchara de 5 ml
Lupa

En este experimento verás cómo el tamaño de los granos influye en el movimiento de la arena a la hora de formar distintos paisajes.

El viento desempeña un papel muy importante en la creación de las formaciones arenosas. El efecto del viento contra la arena se denomina saltación. Algunas formaciones de arena son fácilmente reconocibles, como las dunas en los desiertos, pero lo cierto es que las partículas, empujadas por el viento, se acumulan en todas partes. Las más finas, es decir, las de polvo, se hallan en un estado de permanente suspensión a causa del empuje de las corrientes ascendentes de aire. La mayor parte del polvo se sólo se deposita en el suelo cuando llueve.

También son finísimas las partículas llamadas *loess*, procedentes de los desiertos, riberas fluviales secas y viejos lechos lacustres glaciales. El *loess* consta de partículas angulares que pueden viajar a gran velocidad y que tienden a acumularse, formando una masa densa.

En Norteamérica, se pueden encontrar depósitos de *loess* en lo alto de las colinas y en los valles próximos al río Mississippi. Este material fue transportado por los fuertes vientos que barrían la placa de hielo que en eras remotas cubría las regiones septentrionales de Estados Unidos y

Canadá. Los depósitos de *loess* en China proceden de los desiertos de Gobi y Ordos.

Demostración de la saltación

Las dunas de arena son el tipo más habitual de depósito eólico. Las dunas están presentes en las regiones áridas o semiáridas, y a lo largo de la costa donde abunda la arena. Su formación depende del peso de los granos de arena y de sus características topográficas. Las dunas adquieren una forma particular como consecuencia del movimiento natural de la arena sobre sí misma y de la distribución de los granos cuando sopla el viento.

Procedimiento

1. Mezcla arena gruesa, mediana y fina en el vaso.
2. Coloca la baldosa sobre un par de libros y pon el extremo de la cubitera de plástico junto a la baldosa, que debería estar situada al mismo nivel que la sección superior de la cubitera. Añade más o menos libros hasta que estén niveladas.
3. Con la cuchara echa la suficiente arena en la baldosa como para formar una pequeña «duna», asegurándote de que la arena llega hasta el borde de la baldosa, cerca de la cubitera.
4. Pon en marcha el secador y sosténlo a 10 cm de la duna de arena. Procura mantenerlo inmóvil durante 30 segundos.
5. Apaga el secador y examina la arena que se ha desplazado hasta los diversos compartimientos de la cubitera. Utiliza la lupa para verla mejor.

Resultado

Los compartimientos más próximos al secador contienen los gramos de arena más gruesos. Los más alejados de la duna contienen los granos más finos, los granos más finos se hallan en los compartimientos más alejados y los medianos están situados en los compartimientos intermedios.

Explicación

Los granos de arena más finos pesan menos y por lo tanto viajan más lejos, mientras que los granos más gruesos pesan más y recorren una menor distancia. Esto significa que, cuando el viento azota una duna, la arena más pesada cae directamente en el lado de sotavento de la duna, mientras que los materiales más ligeros se acumulan formando una suave pendiente en el lado de barlovento de la duna. Esta dinámica confiere la característica forma de «ola» a la duna.

Creación y conservación de dunas arenosas

Material necesario

5 tapas de caja de camisa

Regla

Vaso medidor

500 g de arena de playa de grano mediano

500 g de arena de acuario de grano fino

Paquete de gravilla de acuario de tamaño mediano

Cubo grande

Pala de jardinería

Pajita de refresco

Barniz en espray

En este experimento crearás una aproximación de los cinco tipos más comunes de duna arenosa y los conservarás para poder presentarlos. Las dunas de arena, el tipo más común de depósito eólico, se encuentran en las regiones áridas y semiáridas, así como en las costas con abundancia de arena. Las dunas tienen características especiales dependiendo de diversos factores, entre los que se incluyen la cantidad de vegetación o formaciones del terreno, la frecuencia y dirección del viento, y la cantidad de arena libre disponible. Estos cinco tipos de dunas están distribuidos por todo el planeta.

Preparación del terreno

Procedimiento

1. Extrae 5 vasos de arena de grano mediano y otros 5 de arena fina. Mézclalas, distribúyelas en dos recipientes y déjalos a un lado.

2. Combina la arena mediana y fina restantes en el cubo grande. Usa la pala de jardinería para remover la arena hasta que esté bien mezclada.

3. Cubre la superficie de una mesa con papel de periódico y luego coloca las tapas de las cajas de camisa sobre ella. Numéralas del 1 al 5 en el borde.

4. Llena las tapas con la arena mezclada y pasa la regla a modo de rasero para que la superficie quede bien lisa y nivelada.

5. Añade tres líneas de gravilla en la tapa 3 y divídela en tres hileras.

6. Pulveriza la superficie de la arena de las tapas 4 y 5 hasta que los granos estén bien empapados. No pulverices demasiado cerca; se podrían formar irregularidades en la superficie. Deja secar estas tapas.

Construcción de una duna

Procedimiento

1. Empieza con la tapa 1. Colócate a la altura de la tapa y, con la pajita de refresco, sopla con cuidado y uniformidad en la arena. Desplaza la pajita de lado a lado para

crear el efecto de una ráfaga de viento. Continúa hasta crear largas crestas que se inclinen ligeramente hacia arriba en el lado de barlovento y se precipiten en picado en el de sotavento. Si no te sale al primer intento, vuelve a alisar la arena con la regla y empieza de nuevo. Al final, aparecerán varias dunas transversales en la arena.

2. Pasa a la tapa 2. Colócate al nivel de la tapa y sopla con la pajita de refresco. Esta vez, mantén la pajita inmóvil y sopla hacia el centro de la tapa. Cuando aprecies una pequeña cresta central, gira un cuarto la tapa y sigue soplando. Una vez formada la segunda cresta, vuelve a girar la tapa. Continúa girándola y soplando hasta que aparezca una duna de estrella en el centro de la tapa.

3. Pasa a la tapa 3 y colócate al nivel de la arena, mirando a lo largo de las hileras que has construido con la gravilla. Sopla suavemente en una dirección, al igual que hiciste en la tapa 1. La arena rebasará las hileras y formará unos largos cuernos sobre la grava. Estas dunas parabólicas se forman donde existen determinados rasgos topográficos, como vegetación o rocas, que impiden la formación de la duna transversal más común.

4. Pasa a la tapa 4, la primera de las que has pulverizado con barniz. Coge el primer recipiente de arena que dejaste a un lado y espárcela cuidadosamente en la superficie. Asegúrate de que la superficie de arena barnizada y dura está totalmente cubierta de arena fresca.

5. Con el segundo recipiente que dejaste a un lado, repite la misma operación con la tapa 5.

6. Colócate frente a la tapa 4 y sopla como lo hiciste en la tapa 3, es decir, a lo largo de hileras imaginarias de arena. No tardarán en aparecer dunas en forma creciente (*barchan*) a medida que la arena suelta se desplace por la superficie de arena endurecida inferior. Las dunas *barchan* son habituales cuando la arena suelta escasea. Sigue soplando y verás cómo tus dunas *barchan* se desplazan hacia delante.

7. Pasa a la tapa 5 y sopla en amplias ráfagas y en una sola dirección. Con un poco de práctica, aparecerá una típica duna longitudinal o lineal. Estas dunas se suelen formar donde la escasa arena suelta se acumula sobre un área de arena compacta. Los vientos uniformes, que a menudo describen espirales entre las dunas, crean formaciones arenosas que en ocasiones se extienden a lo largo de centenares de kilómetros.

8. Una vez construido un ejemplo bien definido de cada tipo de duna, consérvalas aplicando más barniz en espray. Coloca las tapas en un lugar bien ventilado y sostén el aerosol a una distancia de 50 cm de cada tapa, pulverizando el barniz con uniformidad y un ligero balanceo. Deja secar el barniz toda la noche y aplica una segunda mano. La dura capa de barniz sobre las dunas te permitirá transportarlas (¡con cuidado!) hasta la sala de exposiciones del concurso sin desmoronarse.

PRECAUCIÓN: Ventila la estancia para evitar la inhalación de los vapores del barniz.

Influencia del tamaño de los granos en la absorción de agua

Material necesario

3 vasos de precipitados de 250 ml
Vaso medidor de 250 ml o superior
Paquete de guisantes secos
Gravilla de grano mediano
Canicas
Agua

Este experimento compara la capacidad de absorción de tres materiales porosos con diferentes tamaños de grano. Se trata de observar qué material posee la mayor capacidad de retención de agua.

Te sorprenderá saber que en la Tierra hay mucha más agua subterránea que superficial. En la superficie, el agua discurre por los ríos y arroyos. En el subsuelo también puede circular en forma de corrientes, y si transporta muchos minerales puede crear hermosas cuevas a medida que va tallando estrechos habitáculos en la corteza terrestre.

La mayoría de las aguas subterráneas se recogen en depósitos naturales llamados capas freáticas. Para comprender cómo se acumula el agua en el subsuelo, los geólogos estudian diversos materiales a fin de determinar su capacidad de almacenarla. El término «poroso» se refiere a un material que presenta poros o intersticios entre sus granos –la tierra, la grava y la arena son porosas–, mientras que el término «permeable» designa cualquier material que pueda contener agua, como por ejemplo las rocas agrietadas.

Llenando los huecos

Procedimiento

1. Llena el primer vaso de precipitados hasta la marca de 200 ml con los guisantes, el segundo con la grava y el tercero con las canicas. Estos materiales representan partículas sedimentarias. En la columna de volumen de los granos de la «Tabla de datos de absorción» escribe «200 ml» junto a cada material.

Tabla de datos de absorción

Tamaño del grano	Volumen de los granos (ml)	Volumen de los poros (ml)	Espacio de los poros (%)
Pequeño			
Mediano			
Grande			

2. Vierte 250 ml de agua en el vaso medidor. Como verás, el nivel del agua se eleva en los bordes, dificultando la medición. Sin embargo, este efecto, llamado «menisco», no influirá en el resultado.

3. Vierte el agua con cuidado desde el vaso medidor al vaso de precipitados que contiene los guisantes. Detente cuando el agua los cubra por completo.

4. Anota la cantidad de agua que ha quedado en el vaso medidor y réstala de 200 ml. La diferencia te indicará cuánta agua ha hecho falta para llenar los poros entre los guisantes. Anota esta cifra en la columna «Volumen de los poros» de la tabla de datos.

5. Repite los pasos 3 y 4 con los otros dos vasos de precipitados.

Cálculo del espacio de los poros

Procedimiento
1. Divide el volumen de los poros por el volumen de los granos para cada tamaño de grano (guisantes, grava y canicas).
2. Multiplica por cien cada número decimal para expresarlo en porcentaje.
3. Anota cada porcentaje en la columna «Espacio de los poros» de la tabla y compara los datos para determinar qué material tiene mayor volumen de poros.

Resultado
Las canicas tienen el mayor volumen de poros (38%) y los guisantes, el menor (25%). Podríamos decir que cuanto mayor tamaño tienen los granos de un volumen, mayor es el porcentaje del espacio de los poros y mayor cantidad de agua contienen.

Explicación
Cuanto menores y más compactos son los granos de un material, más se parece a un sólido impermeable. Los granos de gran tamaño crean grandes poros entre sí, pues se hallan bajo una menor presión y pueden quedar más sueltos al compactarse.

¿Lo sabías?
Algunas piedras, como la caliza y la arenisca, pueden comportarse como esponjas. La caliza es un excelente contenedor de agua, y a menudo la arenisca contiene recursos líquidos, tales como petróleo. Dado que el petróleo es más ligero que el agua, asciende a través de la arenisca hasta llegar a un manto de pizarra impermeable, donde se acumula durante siglos y forma un rico depósito.

Recreación de la erosión natural

Material necesario
Papel de aluminio
Yeso o escayola
Cubo y agitador
Frasco grande de cristal con tapa
Tierra diatomácea (centro de jardinería)
Arena
Bolsa de basura resistente
Toalla
Martillo
Rotafolios grande
Colorante alimentario amarillo
Rotulador
Regla
Cola de carpintero

Las rocas lisas que se ven en la playa o en el cauce de un río son el resultado de una historia larga y «violenta». El desgaste natural que provoca el agua en las rocas, o el frotamiento de las rocas entre sí cuando las barre la corriente, es muy poderoso. Incluso el viento puede desgastar una roca. Los fuertes vientos que soplan en algunos desiertos han modelado extrañas formaciones de rocas eólicas (creadas por el viento) que dan la sensación de desafiar la gravedad.

Puedes simular la erosión natural de las rocas con un cubo de piedras. En este experimento, también crearás las piedras propiamente dichas, ya que la verdadera erosión se produce a lo largo de semanas de constante movimiento. Para que sea lo más real posible, puedes hacer dos tipos de roca y comparar cómo se erosiona cada una.

Creación de las rocas

Procedimiento
1. Copia la tabla de la erosión en el rotafolios.
2. Mezcla la escayola con agua en un cubo hasta obtener una pasta espesa similar a masilla.

Tabla de erosión					
Tipo	*Ahora*	*5 min*	*10 min*	*15 min*	*20 min*
Clástica					
Sedimentaria					

3. Vierte la mitad de la pasta en una hoja de papel de aluminio.
4. Añade, con cuidado, un vaso (250 ml) de tierra diatomácea a la pasta que ha quedado en el cubo y remuévela. Agrega colorante alimentario amarillo a la mezcla.

   PRECAUCIÓN: La tierra diatomácea no debe estar expuesta a la intemperie. Evita el polvo.

5. Vierte esta mezcla en otra hoja de papel de aluminio.
6. Deja solidificar ambas mezclas durante toda la noche.
7. Cuando la pasta esté suficientemente seca, retírala y colócala en la bolsa de basura. Pon una toalla encima de la bolsa y golpéala con el martillo para trocear la pasta. Los trozos no deben superar los 3 cm de diámetro.
8. Repite la operación con la pasta mezclada con tierra diatomácea.

Pulimento de las rocas

Procedimiento
1. Selecciona veinte «piedras» bien formadas de cada bolsa

e introdúcelas en el frasco de cristal, desechando las que sean demasiado lisas.

2. Añade agua hasta la mitad del frasco y vierte una cucharadita (5 ml) de arena.

3. Agita e inclina el frasco en todas direcciones durante cinco minutos. A continuación, extrae tres piedras blancas y otras tres amarillas.

4. Seca las piedras y pégalas en la primera columna de la «Tabla de erosión».

5. Agita el frasco durante otros cinco minutos. Vuelve a extraer tres piedras de cada color, sécalas y pégalas en la segunda columna de la tabla.

6. Repite los pasos 3 y 4 dos veces más. El último grupo de piedras será el resultado de veinte minutos de agitación.

7. Examina y compara todas las piedras de la tabla de erosión. ¿Aprecias alguna diferencia en las formas de las piedras blancas y las amarillas?

Resultado

En general, los períodos de agitación más prolongados generan piedras más lisas. No obstante, las piedras amarillas (que contienen tierra diatomácea) son más lisas que las de yeso.

Explicación

Al añadir tierra diatomácea a las piedras de escayola, creas un tipo de piedra llamada «clástica». Los geólogos clasifican las piedras clásticas como sedimentarias, pues están formadas por el asentamiento y compresión de diversos materiales, tales como fragmentos microscópicos de conchas. Las rocas sedimentarias son blandas y fácilmente erosionables. Por esta razón responden tan bien al desgaste derivado del frotamiento de otras piedras o de arena.

Las piedras de escayola simulan piedras de cal, un precipitado no clástico. Estas piedras se crean cuando, como consecuencia de una reacción química, se forma un sólido que precipita. El endurecimiento de la escayola simula este proceso. Los precipitados son más duros que las piedras sedimentarias, lo cual justifica su aspecto áspero, incluso después de veinte minutos de agitación.

Variaciones de la viscosidad del petróleo

Material necesario

Probeta de 100 ml
Botella de plástico (de limpiacristales) con pulverizador
Tubito de plástico
Grava para acuario
Aceite vegetal
Agua caliente y agua fría
Detergente líquido para lavavajillas

Este experimento demuestra cómo determinadas técnicas pueden reducir la viscosidad del petróleo con el propósito de facilitar su bombeo a la superficie. Dado que los yacimientos de petróleo son subterráneos, bombearlo hasta la superficie resulta extremadamente difícil. Incluso bombas capaces de soportar toneladas de presión tienen dificultades para extraer el petróleo depositado en estratos de arenisca permeable u oculta en las grietas de las rocas.

Para complicar aún más las cosas, el petróleo, al igual que otros líquidos, posee una fricción interna que afecta a su velocidad de flujo. Dicha fricción recibe el nombre de viscosidad. El petróleo tiene una viscosidad tan elevada que a menudo parece más una pasta que un líquido.

Bombeo del petróleo

Procedimiento

1. Copia la «Tabla de datos de viscosidad» en una hoja.
2. Llena la botella de plástico, hasta la mitad, de grava.
3. Vierte 100 ml de aceite vegetal en la botella. (Usa la probeta para medirlo.)
4. Instala el pulverizador en la botella, asegurándote de que el tubo queda lo más hincado posible en la grava.

5. Ajusta un extremo del tubito de plástico al pulverizador e introduce el otro extremo en la probeta.

6. Pulveriza hasta la última gota de aceite. Observa el volumen de aceite recogido en la probeta y anótalo en la columna «Aceite recuperado» de la tabla.

Tabla de datos de viscosidad

Método	Aceite recuperado (ml)
Aceite	
Aceite y agua fría	
Aceite y agua caliente	
Aceite, agua caliente y detergente	

7. Añade 50 ml de agua fría a la botella, repite el paso 6, deja que el aceite se asiente en la parte alta de la probeta, sobre el agua, antes de medir el volumen de aceite y anótalo en la tabla.

80

8. Extrae el aceite y añade 50 ml de agua caliente a la botella, repite el paso 6 y anota el resultado.
9. Extrae el aceite y añade 8 gotas de detergente para lavavajillas en la botella y repite el paso 6. Esta vez tendrás que esperar un poco para que el aceite se separe.

Resultado
En el primer procedimiento se recupera el menor volumen de aceite. Con el agua fría se extrae más aceite, y muchísimo más aún con el agua caliente. Sin embargo, el resultado más espectacular se obtiene al agregar el detergente.

Explicación
El primer procedimiento es el menos fructífero, pues no hay nada que altere la viscosidad natural del aceite. El resultado mejora al añadir agua fría. El aceite es más ligero que el agua, de ahí que flote en su superficie y resulte más fácil extraerlo. El agua caliente rebaja la viscosidad del aceite. Por lo tanto, se puede extraer un mayor volumen con menor esfuerzo. Y por último, el detergente para lavavajillas se combina con el agua proporcionando al aceite la mínima viscosidad.

Cinco tipos de fosilización

Material necesario
Arcilla
Escayola
Arena
Sal Epsom
Vaso pequeño de plástico
Conchas
Muestras de hojas
Bloc de dibujo
Molde para pasteles, de aluminio
Cubo y agitador
Lápiz de mina del n° 2 (no puntiagudo)
Pinzas
Cucharita de café
Cinta adhesiva de celofán
Madeja de hilo
Papel de aluminio
Palillos
Agua templada

Existen muchas variedades de fósiles. Cada tipo de fósil es el resultado de un proceso de fosilización distinto, que revela a los paleontólogos (científicos que estudian los fósiles) algún dato exclusivo del material que se ha conservado. En este experimento vas a realizar una réplica de cinco tipos de fosilización y aprenderás por qué motivo es tan importante cada uno de ellos.

Procedimiento
1. Alisa la arcilla hasta que se parezca a una tarta gruesa.
2. Presiona en la arcilla con una de las conchas. Retírala con cuidado.
3. Mezcla un poco de escayola con agua en el vaso de plástico hasta que se asemeje a una pasta. Con la cu-

charita, echa la pasta en el molde de arcilla que acabas de hacer; enjuaga de inmediato la cucharita.

4. Mezcla un poquito de escayola en el cubo y añade medio vaso de arena (120 ml). Debes tener suficiente escayola para llenar el molde pastelero.

5. Vierte la escayola en el molde y presiona con la palma de la mano. Deja secar la escayola.

6. Vierte agua tibia en el vaso, hasta la mitad. Añádele una cucharadita de sal Epsom y remuévela. Continúa añadiendo sal hasta que el agua no pueda disolver más.

7. Coge una madeja de hilo y enróllalo hasta formar una bola. Introduce la bola en la solución salina y déjala en remojo durante un minuto. Retírala con las pinzas y colócala sobre una hoja de papel de aluminio para que se seque.

8. Pega el dorso de las muestras de hojas, con el tallo, en una hoja de un bloc de dibujo. Coloca un trozo de papel encima de las hojas.

9. Con un lápiz de mina del n° 2, oscurece el área de la hoja con trazos firmes.

10. Desenmolda la arcilla, con cuidado, conservando el mol-

de. Con un palillo, limpia los restos de arcilla que hayan quedado adheridos a la escayola.

11. Vuelve del revés el molde para pasteles y dale unos suaves golpecitos para extraer el molde de la huella de la mano.

12. Coloca todos los objetos por este orden: concha, hilo, hoja, molde de arcilla y la huella de la mano en la escayola.

Explicación

La concha representa lo que los paleontólogos llaman «restos originales». Son fósiles que no cambian cuando un animal se muere. Junto a las conchas, en los yacimientos se pueden encontrar huesos y dentaduras. Si las condiciones son las adecuadas, puede que se conserven las partes más blandas del cuerpo de los animales. El alquitrán, las arenas movedizas, las ciénagas e incluso el hielo pueden conservar la carne de un animal durante miles de años. Algunos insectos se han conservado en ámbar, el estado endurecido de la savia de los árboles (la resina).

La madeja de hilo representa los «restos petrificados». Se trata de un tipo de fósiles que consiste en la materia de un animal o de una planta que ha sido mineralizada. Los minerales, tales como la calcita, el cuarzo o la pirita, arrastrados por las aguas subterráneas se asientan en estratos, reemplazándolos gradualmente. La transformación copia fidedignamente el material original, como saben muy bien quienes han visto en alguna ocasión un árbol petrificado.

Las hojas simulan «restos carbonizados» que a veces los paleontólogos encuentran en esquistos duros. Constituyen copias exactas de los organismos, y sus detalles desvelan a los científicos una multitud de información acerca de la flora antigua. Un fósil carbonizado se forma cuando la estructura de una hoja o de cualquier otra planta queda enterrada en el lodo. Mientras el fango se vuelve esquisto, la estructura química de la hoja se transforma hasta que sólo contiene carbono, dejando una fina capa en el esquisto.

El molde de arcilla representa la «fosilización por impresión». Se produce cuando un animal o planta está enterrado en el barro. Cuando el fango se vuelve esquisto, el material orgánico desaparece y deja un molde. Si el esquisto se agrieta, las aguas subterráneas, ricas en minerales, penetran en el molde y crean un detallado molde interno del material desaparecido. Muchos fósiles oceánicos, como los trilobites, se conservan de esta forma.

La huella de la mano representa lo que los paleontólogos llaman «fósiles de huellas» o «icnofósiles». Son impresiones en rocas sedimentarias (en el experimento, las has simulado añadiendo arena a la escayola). Las huellas de los dinosaurios son fósiles de huellas. También lo son los orificios que practican los gusanos y otros nidos de insectos en rocas blandas. La diferencia de los fósiles de huellas con respecto a los demás fósiles consiste en que permiten a los paleontólogos conocer hábitos de los animales cuando vivían.

Estrellas y planetas

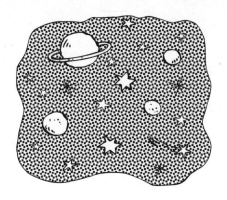

La montaña rusa:
la mirada de un extraño

Material necesario

Cartón duro azul marino de 45 × 55 cm
Espuma de poliestireno de 45 × 55 cm
Cartulina de color azul marino
7 espigas de madera de 0,5 × 30 cm
Pilas para linterna de 6 voltios
7 bombillas y portalámparas
1,5 m de cable amarillo
1,5 m de cable azul
Lápiz pastel amarillo
Lápiz pastel rojo
Pegamento
Cola blanca
Regla
Cinta adhesiva transparente
Sacapuntas

Desde otro sistema solar no podríamos ver las formas de las constelaciones tal y como las conocemos. Hay estrellas en todo el espacio y a distancias extraordinarias de la Tierra. Esto significa que lo que conocemos como constelación es, en realidad, una constelación estelar que está a miles de años luz y que tendría un aspecto muy distinto desde otro punto estratégico del espacio. En este experimento vas a recrear la montaña rusa de la constelación Osa Mayor, y a continuación vas a verla como la vería un observador situado en un punto remoto.

La cuadrícula de los años luz

Procedimiento

1. Utiliza la regla y el lápiz amarillo para cuadricular el cartón rígido con cuadrículas de 4 cm.
2. Con el lápiz amarillo, escribe un «1» en la casilla de la esquina inferior izquierda. Sigue numerando, hacia arriba, las casillas hasta «10».
3. Empezando por la casilla «1», numera con el lápiz rojo las casillas, hacia la derecha, hasta «14». Los números rojos representan el eje de X de coordenadas (horizontal) y los números amarillos el eje Y de abscisas (vertical). Cada hilera sucesiva significa el número de años luz desde la Tierra. La primera hilera representa 50 años luz, y cada hilera superior representa otros 25 años luz.
4. Aplica un poco de pegamento en la espuma y presiónala con el cartón. Deja secar el pegamento.
5. Corta tres espigas de madera de 28 cm, una de 24 cm y las restantes de 22, 17 y 15 cm.
6. Saca punta a todos los extremos de las espigas. Pega los portalámparas en los extremos planos de las espigas. Coloca las bombillas.
7. Corta el cable azul en 8 secciones de las siguientes medidas: 30 cm, 25 cm, 17,5 cm, 12,5 cm, 10 cm, 7,5 cm

y 5 cm. Corta el cable amarillo en 7 secciones iguales. Envuelve las pilas con la cartulina azul.

Ensamblado de la montaña rusa

Procedimiento

1. Siete estrellas forman la montaña rusa. Cada bombilla con su correspondiente espiga representa una estrella. Debes unir la montaña rusa presionando con la parte puntiaguda de las espigas en la espuma en un punto X-Y de la cuadrícula. La tabla te muestra en qué coordenadas debes pegar las estrellas. Cada punto significa el centro de una casilla, a menos que esté indicado.

Estrella	Coordenadas
Alkor (espiga de 28 cm)	X1, Y9
Mirar (espiga de 28 cm)	X5, Y3
Aliot (espiga de 24 cm)	X6, Y2
Megrez (espiga de 22 cm)	X8, Y3
Pekda (espiga de 15 cm)	X9, Y3 (ligeramente desplazada a la derecha)
Merak (espiga de 17 cm)	X12, Y3
Dube (espiga de 28 cm)	X13, Y4 (ligeramente desplazada a la izquierda)

2. Conecta el cable azul de 25 cm en una pila y en la primera estrella (Alkor). Conecta el cable azul de 30 cm en Mirar, y continúa hasta haber utilizado todo el cable azul.

3. Repite el proceso con el cable amarillo, de tal forma que las bombillas estén conectadas en un circuito paralelo, y enciéndelo. Apaga las luces y observa las estrellas situándote directamente frente a ellas. Quizá tengas que ajustar un poco la altura de las espigas.

Resultado

Si te has colocado correctamente, verás la forma de una montaña rusa emergiendo de la configuración de las estrellas. Recuerda que sólo es una forma aparente y que representa un punto estratégico desde la Tierra. Si te mueves alrededor de la constelación, la forma de la montaña cambiará, hasta volverse irreconocible. Si te desplazas hacia la izquierda, verás una configuración que sería visible desde un punto estratégico de la estrella Arcturus en la constelación El Boyero, y si lo haces hacia la derecha, la verás desde la estrella Denebola, situada en el punto más lejano de la Osa Mayor (el Oso).

Tormenta de arena en Marte

Material necesario
Caja de cartón
    poco profunda
Escayola
Pintura marrón
Cubo
Cuchara sopera (15 ml)
Azúcar
Café molido
5 fichas de archivo
Rotulador
Cámara con flash

Durante años, los observadores de Marte estaban confusos a causa de los rasgos cambiantes de la superficie del Planeta Rojo. Junto al espectacular encogimiento y abultamiento de los polos, extensas regiones de Marte parecían encenderse y apagarse, y muchos astrónomos pensaron que era debido a los cambios estacionales en la vegetación. Pero la realidad era distinta. Enormes tormentas de arena ocultan los antiguos rasgos y revelan características nuevas. Esto significa que áreas enteras del planeta pueden cambiar de color y textura cuando el viento, que sopla a 480 km por hora, barre la seca e inestable superficie. Con la ayuda de una cámara, este experimento demuestra cómo las partículas en suspensión arrastradas por el viento pueden alterar espectacularmente los rasgos de Marte.

El paisaje marciano

Procedimiento
1. Mezcla suficiente escayola y agua en el cubo para ha-

cer una masilla espesa. Añade pintura marrón para que adquiera color café.

2. Vierte la masilla en la caja y, sin esperar a que se seque, espárcela con el reverso de una cuchara, para crear un «paisaje» de valles llanos. Déjalo secar.

3. Esparce azúcar en el paisaje hasta cubrirlo casi por completo. Coloca una ficha con la letra «A» en la esquina de la caja.

4. Sostén la cámara encima de la caja para poder encuadrar una fotografía completa del paisaje. No enfoques el suelo o la mesa; sólo la caja.

5. Saca una foto de este paisaje marciano en su estado original.

6. Ponte a un lado de la caja y sopla para que el azúcar granulado se desplace y acumule en diferentes lugares. Coloca la letra «B» en la esquina de la caja.

7. Sosteniendo la cámara en la misma posición que antes, fotografía el paisaje alterado.

8. Sitúate ahora en el lado opuesto de la caja y vuelve a soplar. Pon la letra «C» en la esquina de la caja y saca otra foto.

9. Inclina con cuidado la caja sobre el cubo de la basura, tira el azúcar y sustitúyelo por café molido.

10. Sopla el café desde dos direcciones distintas y etiqueta los resultados con las letras «D» y «E» antes de sacar las respectivas fotografías.

Resultado

Tus fotos mostrarán los cambios en el paisaje de Marte que han provocado las cuatro «tormentas». Coloca la foto «A» en el primer lugar de la serie. Continúa con la fotos «B» a «E». Las diferencias entre las fotografías serán espectaculares.

Muestras de microorganismos

Material necesario
Tres frascos de cristal pequeños
Tazón
Cacerola grande
Tenazas
Toalla
Arena (para acuarios)
Sal
Azúcar
Levadura en polvo
2 cubitos de levadura
Cuchara para medir líquidos
Vasos para medir líquidos
Cuchara larga
Etiquetas adhesivas
Rotulador

Este experimento simula algunas de las técnicas de análisis de suelos que utilizó la sonda exploradora *Viking* cuando fue enviada a Marte en 1976, que recogió muestras de la superficie del planeta, las transportó a bordo de la nave espacial, las mezcló en soluciones ricas en nutrientes, las estimuló con luz y las expuso a cálidas temperaturas. Todas estas condiciones maximizaron las condiciones ambientales óptimas para el crecimiento y reproducción de microorganismos. La detección de vida se verificó mediante la supervisión de las emisiones de gas, los cambios de temperatura, las irregularidades en el peso y la actividad química prolongada.

Procedimiento
1. Coloca los frascos en una cacerola y llénala con suficiente agua para cubrir los frascos. Retira los frascos y lleva el agua a ebullición.
2. Con unas tenazas, introduce los frascos en el agua hir-

viendo. Transcurridos 30 segundos, retíralos y colócalos sobre la toalla para que se sequen.

3. Cuando los frascos se hayan enfriado, llénalos de arena hasta un tercio de su capacidad.
4. Con la cuchara larga, mezcla dos cucharaditas de sal (10 ml) con la arena de un frasco y etiquétalo («Sal»).
5. Mezcla dos cucharaditas de levadura (10 ml) con la arena de otro frasco y ponle una etiqueta.
6. Desmenuza los cubitos de levadura y mézclalos con la arena del tercer frasco. Etiquétalo.
7. Para simular las bajas temperaturas de Marte, introduce los tres frascos en el frigorífico y déjalos enfriar durante toda la noche.
8. A la mañana siguiente, mezcla 120 ml de azúcar con 4 vasos de agua caliente. Utiliza el tazón.
9. Retira los frascos del frigorífico y añade cantidades iguales de agua azucarada a cada uno.
10. Coloca los frascos en un lugar luminoso y obsérvalos durante 10 minutos. No los toques durante una hora.

Resultado

Transcurrida una hora, cada frasco habrá reaccionado de una forma distinta al agua azucarada. En el frasco «Sal» no se aprecia ninguna reacción aparente. La jarra con levadura se volvió espumosa al añadir el agua azucarada, pero ahora hay muy poca espuma. El frasco con levadura sigue reaccionando con el agua azucarada, espumando constantemente.

Explicación

Cuando buscan señales de vida, los científicos deben distinguir entre las reacciones químicas inertes y las orgánicas. Existen muchas sustancias presentes en el suelo, como el calcio, o condiciones del suelo, como su naturaleza ácida o básica, que pueden reaccionar con soluciones químicas. Pero estas reacciones son tan rápidas e inmediatas que no permiten apreciar las complejas reacciones químicas de los microorganismos. En cambio, el frasco que contiene los cubitos de levadura reacciona hasta que la levadura consume el azúcar y se multiplica. Pese a todo, los experimentos del *Viking* no dieron resultados espectaculares.

Cálculo de la distancia relativa de los planetas

Material necesario
Plano de una ciudad
Calculadora
Agujas de coser
Cinta métrica
Arcilla
Bloc de notas pequeño
Rotulador

Las asombrosas distancias en el espacio son inimaginables. Incluso nuestro propio sistema solar, representado en forma de maqueta, es un enorme sistema de planetas orbitantes y satélites. Para que te hagas una idea de las gigantescas distancias que nos separan de nuestros planetas vecinos, los científicos han creado reducciones a escala, lo cual implica la transformación de las distancias planetarias en sus equivalentes proporcionales, facilitando la construcción y la comprensión de un sistema astronómico.

En este experimento tendrás que utilizar planos y agujas para representar las distancias relativas entre los planetas del sistema solar. De este modo, convertirás las distancias astronómicas en distancias geográficas. Para empezar, fíjate en la tabla, que te permitirá conocer la distancia relativa de los planetas al sol. A continuación, deberás traducir la información en equivalentes proporcionales mucho menores.

Distancia al Sol	Mercurio	Venus	Tierra	Marte	Júpiter	Saturno	Urano	Neptuno	Plutón
En millones de km	57,9	108,2	149,6	227,9	778	1.426	2.871	4.497	5.913

Al estudiar la tabla, es importante que te des cuenta de que los planetas no giran alrededor del sol describiendo círculos perfectos, sino en elipses ovaladas. Esto significa que las distancias entre el sol y los planetas cambian en función de la posición de los planetas en el curso de su elipse. Para simplificar los cálculos, las distancias que figuran en la tabla representan la distancia media de un planeta al sol.

Cálculo de las distancias planetarias superiores e inferiores

Para calcular las distancias relativas de los planetas en nuestro sistema solar, primero debes distinguir entre los «planetas superiores», que son los que se encuentran fuera de la órbita terrestre, y los «planetas inferiores», que se encuentran en la órbita de la Tierra. En la tabla se aprecia como Marte, Júpiter, Saturno, Urano, Neptuno y Plutón son planetas superiores, mientras que Venus y Mercurio son inferiores. Tomando como base la distancia entre el sol y la Tierra, y empezando por Plutón, divide la distancia de cada planeta superior por la distancia Tierra-sol. De este modo, obtendrás los datos siguientes:

Distancia de Plutón (desde el sol) ÷
Distancia Tierra-sol = 40
Plutón está 40 veces más lejos del sol que la Tierra.

Para calcular la distancia de los planetas inferiores, divide primero la distancia Tierra-sol entre la distancia Mercurio-sol y luego entre la distancia Venus-sol. Convierte los decimales en fracciones.

Distancia Tierra-sol ÷
Distancia Mercurio-sol = 2,5
Mercurio se encuentra a 4/10 de la distancia de la Tierra al sol.

Trazado a escala de las distancias planetarias en un plano

Ahora que ya tienes las distancias básicas, ha llegado el momento de trazarlas a escala para que puedas colocarlas en un plano. Para reducirlas a escala debes tener en cuenta dos factores: la distancia relativa de los planetas al sol y el tamaño relativo de los planetas entre sí y respecto al sol. El calculo del tamaño relativo de los planetas lo dejaremos para otro experimento. Por ahora, piensa en la Tierra como si fuera una naranja y en nuestro sistema solar como si fuera el área metropolitana de Nueva York.

Utiliza la distancia del sol a la Tierra como base. Recuerda que la distancia del planeta más lejano, Plutón, es 40 veces más grande que la distancia entre el Sol y la Tierra. Traza la primera distancia con cuidado.

Vamos a suponer que el sol se encuentra en el edificio del Empire State en la calle 34 y la Tierra en Grand Central Station, en la calle 42. Mide la distancia entre el Empire State y la Grand Central Station. Representa la distancia entre el sol y la Tierra, que es de 148,8 millones de kilómetros, y ésta la base con la que deberás calcular las demás distancias planetarias. Coloca la aguja del compás en el edificio del Empire State y el lápiz en la Grand Central Station. Traza un círculo, que representará la órbita de la Tierra alrededor del sol. Clava una aguja en cada posición.

Con las distancias que has calculado antes, determina las posiciones de los planetas inferiores, Mercurio y Venus, y traza sus órbitas con el compás. Coloca una aguja en cada órbita para indicar su distancia relativa al sol. Para verlo más claro, los situaremos en una dirección septentrional, de tal modo que desde el sol hasta la calle 34, Mercurio debería quedar en la calle 37 y Venus en la calle 40.

Ahora, utilizando los mismos cálculos, determina la posición de los planetas superiores y traza sus órbitas. Continuando hacia el norte desde la calle 34, sitúa Marte en la calle 47, en Midtown, Júpiter en la calle 105, cerca de Central Park, y Saturno en la calle 134, en Harlem. El planeta Urano estaría situado en la calle 244, en Riverdale, Neptuno en la zona norte de la ciudad de Yonkers, y Plutón en Tarrytown (Nueva York, a 35 km del Empire State Building).

Utiliza el compás para trazar la órbita de cada planeta e indica sus posiciones respectivas con otras tantas agujas. Etiqueta cada planeta en el plano con el rotulador y el bloc de notas. Puedes añadir una bolita de arcilla o plastilina en cada aguja para simular las dimensiones de los planetas.

Distancias relativas de los planetas al sol

Distancia de Plutón (desde el sol) ÷ Distancia Tierra-sol = 40
Plutón está 40 veces más lejos del sol que la Tierra

Distancia de Neptuno ÷ Distancia Tierra-sol = 30
Plutón está 30 veces más lejos del sol que la Tierra

Distancia de Urano ÷ Distancia Tierra-sol = 19
Plutón está 19 veces más lejos del sol que la Tierra

Distancia de Saturno ÷ Distancia Tierra-sol = 9,5
Plutón está 9,5 veces más lejos del sol que la Tierra

Distancia de Júpiter ÷ Distancia Tierra-sol = 2,25
Plutón está 2,25 veces más lejos del sol que la Tierra

Distancia de Marte ÷ Distancia Tierra-sol = 1,5
Plutón está 1,5 veces más lejos del sol que la Tierra

Distancia de la Tierra al sol ÷ Distancia Venus = 1,4
La distancia de Venus al sol es 7/10 de la de la Tierra

Distancia de la Tierra al sol ÷ Distancia Mercurio = 2,5
La distancia de Mercurio al sol es 4/10 de la de la Tierra

Cálculo del tamaño relativo de los planetas

Material necesario

Un trozo grande de papel mural

Rotulador

Compás

Cinta métrica

Cuerda

Lapicero

Cinta adhesiva transparente de celofán

Los planetas del sistema solar tienen tamaños muy variados. Para hacernos una idea de lo enormes que son las diferencias, los científicos han diseñado reducciones a escala. Eso significa que reducen los diámetros planetarios a equivalentes proporcionales para que sea más fácil compararlos entre sí y con el sol. En este experimento vas a representar a escala todos los planetas del sistema solar.

Para empezar, fíjate en la tabla; es una lista de los diámetros planetarios en kilómetros. Con la ayuda de la calculadora, convierte esta información a un equivalente menor proporcional.

Identificación de los planetas superiores e inferiores

Para calcular el tamaño relativo de los planetas de nuestro sistema solar, debes distinguir primero entre los planetas superiores y los planetas inferiores. Los superiores son los que se encuentran fuera de la órbita terrestre, y los inferiores se hallan en el interior de la órbita terrestre. Marte, Júpiter, Saturno, Urano, Neptuno y Plutón son planetas superiores, mientras que Venus y Mercurio son inferiores.

	Diámetro (en km)
Sol	1.383.040
Mercurio	4.878
Venus	12.103
Tierra	12.765
Marte	6.786
Júpiter	142.948
Saturno	120.536
Urano	51.118
Neptuno	49.528
Plutón	2.284

Cálculo del tamaño de los planetas superiores

Empezaremos usando la calculadora para dividir el diámetro del planeta superior más grande, Júpiter, por el diámetro del planeta superior más pequeño, Plutón. A continuación, dividiremos Saturno, Urano, Neptuno, Marte y la Tierra por Plutón.

Diámetro de Júpiter ÷ Diámetro de Plutón = 62.61
Júpiter es casi 63 veces más grande que Plutón

Diámetro de Saturno ÷ Diámetro de Plutón = 52.78
Saturno es casi 53 veces más grande que Plutón

Diámetro de Urano ÷ Diámetro de Plutón = 22.38
Urano es más de 22 veces más grande que Plutón

Diámetro de Neptuno ÷ Diámetro de Plutón = 21.68
Neptuno es casi 22 veces más grande que Plutón

Diámetro de Marte ÷ Diámetro de Plutón = 2.97
Marte es casi 3 veces más grande que Plutón

Diámetro de la Tierra ÷ Diámetro de Plutón = 5.58
La Tierra es casi 5,5 veces más grande que Plutón

Cálculo del tamaño de los planetas inferiores

Continúa dividiendo los planetas inferiores, Mercurio y Venus, por el tamaño de Plutón y obtendrás los resultados siguientes:

Diámetro de Venus ÷ Diámetro de Plutón = 5.29
Venus es algo más de 5 veces más grande que Plutón

Diámetro de Mercurio ÷ Diámetro de Júpiter = 9.72
Mercurio es casi 10 veces más grande que Plutón

Cálculo del tamaño del sol

El diámetro del sol es mucho más grande que el diámetro de Plutón. Por este motivo, sustituiremos Júpiter por Plutón en este último cálculo.

Diámetro del sol ÷ Diámetro de Júpiter = 9.72
El sol es casi 10 veces más grande que Júpiter.

El dibujo a escala

Con estos cálculos ya puedes empezar a hacer tu escala para dibujar. Busca una unidad de medida equivalente para representar el diámetro de Plutón. Recuerda que la diferencia de tamaño entre el sol y Plutón es tan grande (el diámetro del sol es 600 veces el de Plutón) que deberás encontrar la unidad de medida más pequeña posible para Plutón. Prueba con 0,5 cm. Utilizando tus comparaciones de diámetro y una calculadora, añade medidas de 0,5 cm para determinar el diámetro de los restantes planetas. Por ejemplo, si el diámetro de Plutón es 0,5 cm, entonces el de Júpiter será casi de 20 cm y... ¡el diámetro del sol medirá casi 2 m! Si te parece muy difícil de dibujar, sustituye la unidad de medida de Plutón por otra aún más pequeña.

A continuación, mide con la cinta métrica el diámetro de todos los planetas y divídelo por dos para encontrar el punto medio. Respecto a los planetas más pequeños (Plutón, Mercurio, Marte y la Tierra), haz una señal en el punto medio y clava en ella la aguja del compás. Luego, traza una circunferencia para cada planeta. Plutón y Mercurio son tan pequeños que puedes trazarla a mano, sin compás, y para los planetas más grandes (Urano, Saturno y Júpiter) deberás buscar el punto medio y señalarlo, y a continuación, deberás trazar la circunferencia con la cuerda, atando un lápiz en un extremo de la cuerda y haciéndola girar con cuidado.

Coloreado de los dibujos

Para añadir un toque realista a tu diseño, puedes pintar cada planeta de gran tamaño para simular cómo se ven en el espacio. Utiliza ilustraciones precisas y fotografías espaciales a modo de guía para los detalles de la superficie o las formaciones nubosas.

Medición del reflejo atmosférico o «claridad terrestre»

Material necesario
2 cartulinas oscuras
Pintura negra mate
Pincel pequeño (para pintura negra mate)
Pintura blanca
Pincel grande (para pintura blanca)
Pelota de ping-pong
Brocheta de madera
Bloque de espuma pequeño
Lámpara flexo con bombilla de bajo consumo
Sábana negra u oscura
Clavo
Cinta adhesiva
Mesa

Cuando vemos las fases lunares, normalmente siempre vemos la parte iluminada, mientras que el resto del disco lunar permanece a oscuras. Pero a veces, el espectro del plenilunio se ve durante todas las fases. Se puede disfrutar de este precioso efecto durante los cuartos lunares (creciente y menguante). ¿En qué consiste este fenómeno y cuál es su causa? Este experimento te ayudará a comprender el reflejo atmosférico o «claridad terrestre».

Procedimiento
1. Con el pincel pequeño, pinta la mitad de la pelota de ping-pong de color negro. Deja que se seque.
2. Practica un orificio con el clavo en la línea que separa la mitad blanca y la mitad negra de la pelota. Introduce un extremo de la brocheta en el orificio hasta que llegue al otro lado de la bola, y clava el otro extremo en el bloque de espuma. Ya tienes la luna.
3. Corta, dobla y pega una hoja de cartulina de tal modo

que sostenga la otra cartulina en posición casi vertical. Con el clavo, practica un orificio en el centro.

4. Pega la cartulina en el borde de la mesa y coloca la lámpara enfrente, enfocando la parte baja de la cartulina y lejos del agujero.

5. Coloca la luna en el borde opuesto de la mesa y haz girar la bola para ver un cuarto lunar si miras desde el orificio de la cartulina.

6. Cuelga la sábana detrás de la luna.

7. Enciende la lámpara y apaga las demás luces de la estancia. Observa la luna a través del orificio. Anota tus observaciones. A continuación, enciende las luces y apaga la lámpara flexo.

8. Con el pincel y la pintura blanca, dibuja formaciones nubosas en el lado de la cartulina que está frente al modelo lunar. Procura que las nubes sean grandes y espesas para que transformen casi toda la cartulina de color blanco. Repite el paso 7.

Resultado

Aunque es probable que hayas visto la pelota de ping-pong entera durante las dos observaciones, la primera, a

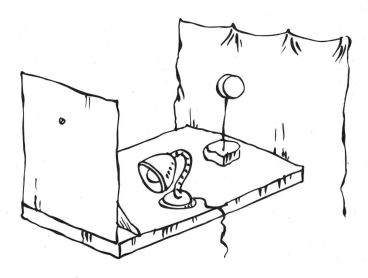

través de la cartulina negra, revelaba un cuarto lunar blanco brillante, mientras el resto de la luna se confundía con el color negro de la sábana. En la segunda, a través de la cartulina pintada de nubes, revelaba no sólo un brillante cuarto lunar, sino también el resto del disco lunar resaltando sobre el fondo negro. Era la luna iluminada por la «claridad terrestre».

Explicación

La cartulina pintada con «nubes» blancas representa una atmósfera terrestre de alta reflexión. Este tipo de atmósfera se puede observar en los períodos de nubosidad muy espesa. Huracanes, tormentas polares y determinados tipos de contaminación contribuyen a la elevada reflexión atmosférica. La próxima vez que veas la esfera lunar brillando en sus distintas fases, sabrás que su causa está relacionada con el clima tormentoso terrestre.

Los latidos de un púlsar

Material necesario

2 pilas de 1,5 voltios
Pelota de ping-pong
Arcilla
2 broquetas de madera
Cartulina
Cinta aislante
Bombilla y portalámparas
Cables
Clavo puntiagudo
Destornillador
Plataforma giratoria

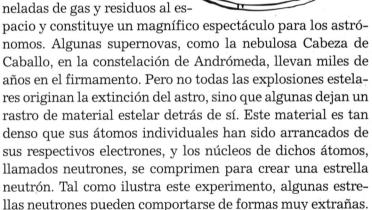

Una explosión estelar emite centenares de millones de toneladas de gas y residuos al espacio y constituye un magnífico espectáculo para los astrónomos. Algunas supernovas, como la nebulosa Cabeza de Caballo, en la constelación de Andrómeda, llevan miles de años en el firmamento. Pero no todas las explosiones estelares originan la extinción del astro, sino que algunas dejan un rastro de material estelar detrás de sí. Este material es tan denso que sus átomos individuales han sido arrancados de sus respectivos electrones, y los núcleos de dichos átomos, llamados neutrones, se comprimen para crear una estrella neutrón. Tal como ilustra este experimento, algunas estrellas neutrones pueden comportarse de formas muy extrañas.

Ensamblado de la estrella

Procedimiento

1. Une las dos pilas, asegurándote que el polo positivo de una está en contacto con el polo negativo de la otra. Envuelve las pilas con cartulina y cinta aislante.

2. Con el clavo, agujerea ambos lados de la pelota de ping-pong y ajusta una brocheta en cada uno de ellos.
3. Practica un orificio en la pelota suficiente para poder introducir una bombilla.
4. Con las brochetas en su sitio, recubre la pelota de arcilla, sin tapar el orificio de la bombilla.
5. Alisa la arcilla y a continuación retira las brochetas.
6. Conecta los cables al portalámparas y haz lo mismo con el otro cabo de los cables en el lado opuesto de las pilas.
7. Instala el portalámparas en la pila y, con cuidado, coloca la bombilla y cúbrela con la pelota de ping-pong.
8. Coloca el «dispositivo de la estrella» en el centro de la plataforma giratoria, de manera que quede lo más centrado posible y procurando que no se tambalee.
9. Reduce la intensidad de la luz, colócate al nivel de la pelota y haz girar la plataforma.

Resultado

Dos puntos de luz se escapan por los lados opuestos de la estrella. A medida que haces girar la plataforma, los puntos de luz aparecen y desaparecen intermitentemente.

Explicación

Las estrellas de neutrón giran a una velocidad vertiginosa. Algunas parecen tener «puntos calientes» de radiación, en forma de señales de radio, en las caras opuestas que emiten destellos (impulsos) a medida que va girando la estrella. Las estrellas neutrón que se comportan de esta forma reciben el nombre de «púlsares». Los científicos miden la frecuencia de la radiación para determinar el tamaño de la estrella y su velocidad de giro. Los puntos de luz en la pelota representan emisiones de radiación del púlsar. Cronometrando el intervalo entre cada emisión, los científicos pueden calcular la velocidad de rotación de los púlsares.

Construcción de un reloj de sol

Material necesario
2 cajas grandes de cartón corrugado
Tijeras
Compás
Transportador (semicírculo graduado)
Regla
Rotulador
Adhesivo
Cinta adhesiva

Probablemente, los primeros seres humanos que calcularon el tiempo lo hicieron estudiando los cambios en las sombras a lo largo del día. Los arqueólogos creen que muchas estructuras antiguas, como Stonehenge en Inglaterra y las pirámides de Egipto, eran construcciones diseñadas para medir el tiempo. Los antiguos astrónomos griegos probablemente diseñaron el popular jardín del reloj de sol, que está formado por una esfera y un marcador triangular o gnomon.

Aunque este reloj de sol es fácil de construir, no debes convertir las medidas directamente de sus equivalentes métricos. En su lugar, utiliza las medidas métricas. Un reloj de sol construido en centímetros será la mitad de grande que uno construido en pulgadas.

Procedimiento
1. Corta 2 piezas de cartón de 50 cm^2 de cada una de las cajas de cartón corrugado.
2. Con la regla y el rotulador, traza dos líneas diagonales de esquina a esquina del cartón. En el punto de intersección de las líneas se encuentra el centro del cuadrado.
3. Ajusta el compás de forma que entre el lápiz y la aguja haya 23 cm de distancia. Coloca la aguja en el centro del cuadrado y traza un círculo. El círculo tendrá 46 cm de diámetro.
4. Divide la mitad del círculo en doce puntos a lo largo

del perímetro de la circunferencia. Empezando por la izquierda, numera los puntos 6, 7, 8, 9, 10, 11, 12, 1, 2, 3, 4 y 5.

5. Para diseñar el gnomon, coge el otro trozo de cartón y traza una línea de 20 cm. Será la base.

6. Para poder leer las horas de forma precisa, el gnomon debe tener el mismo ángulo que la latitud donde vives. Puedes encontrarla en un atlas.

7. Utiliza el transportador para señalar el ángulo en un extremo de la base.

8. Traza una línea de 50 cm de longitud desde el final de la base hasta la marca del ángulo. Únela al otro extremo de la base y obtendrás un triángulo estrecho. Ya tienes el marcador triangular. Recórtalo.

9. Dobla la base del gnomon 0,5 cm.

10. En la esfera, traza una línea desde el número 12 hasta el centro y marca un punto a 2,5 cm del centro.

11. Aplica adhesivo en la parte doblada del gnomon y colócalo de forma que su ángulo toque la marca de 2,5 cm.

12. Coloca el reloj de forma que el gnomon señale el norte. Para ello, puedes utilizar una brújula o esperar a que oscurezca y localizar la Estrella Polar.

13. Sitúa el reloj en un lugar soleado y asegúralo para que no se mueva. Observa la esfera durante el día.

14. Para leer la hora con el reloj solar, mira la sombra que proyecta el gnomon en la esfera. Allí donde cae la punta de la sombra representa la hora del día.

Explicación

A medida que el sol se va desplazando por el firmamento, varía la sombra que proyecta el gnomon en la esfera. Allí donde cae el extremo de la sombra representa la hora del día. La posición de la sombra en la esfera proporciona una lectura precisa de la hora solar, es decir, el tiempo calculado a partir del movimiento este-oeste del sol. La hora solar es diferente de la hora estándar, pues aquél no reconoce las zonas horarias.

Dado que la Tierra es redonda, cuando viajas, el suelo se curva ligeramente y en la vertical de tu cabeza aparece una parte diferente de la bóveda celeste. Si tu amigo, que vive en una ciudad a 32 km de donde tú resides, tuviera un reloj igual que el tuyo, vería las 12 del mediodía algunos minutos más tarde que tú.

Destilación del agua
con la radiación solar

Material necesario

Palangana redonda grande
Vaso
2 piedras pequeñas
Papel de celofán
Cinta adhesiva
Agua turbia

¿Qué pasaría si te hubieras perdido en la selva, te estuvieras asando de calor, sediento y sin una gota de agua que llevarte a la boca salvo la de un riachuelo turbio? Evidentemente, podrías beberla, aunque lo más probable es que tuviera un sabor de mil demonios. Por lo demás, podría contener microorganismos perjudiciales para tu salud. Pero si tienes los materiales de la lista anterior, puedes convertirla en agua potable.

Procedimiento

1. Vierte un poco de agua sucia en un cubo, asegurándote de que no haya demasiado barro.
2. Échala en la palangana, procurando que no tenga más de 5 cm de profundidad.
3. Coloca la palangana en un lugar donde dé el sol todo el día.
4. Introduce una de las piedras en el vaso y ponlo en el centro de la palangana. Si flota, añade otra piedra.
5. Cubre la palangana con papel de celofán, pero no uses más del estrictamente necesario, y ténsalo en los bordes. Pégalo con cinta adhesiva para que se mantenga en su sitio.
6. Pon la segunda piedra encima del papel, directamente sobre el vaso. La piedra debería ser lo bastante pesada como para «hundir» un poco el celofán.

Resultado

En la parte interior del celofán se han formado gotitas de agua que resbalan hacia el centro del papel, donde se juntan y se convierten en una gota más pesada que cae en el interior del vaso. Después de un día entero de insolación, el vaso estará lleno de agua potable. Es probable que no tenga un sabor maravilloso, pero estará limpia y podrás beberla con seguridad.

Explicación

Debajo del celofán la temperatura sube mucho, lo suficiente para evaporar el agua embarrada. El vapor de agua asciende y se acumula en forma de pequeñas gotitas en la cara inferior del celofán. Las gotas son de agua pura y «destilada», es decir, agua calentada que asciende y pierde las impurezas. Dado que el papel de celofán forma un pequeño embudo, las gotitas se deslizan hacia el centro y se precipitan en el interior del vaso al acumularse.

Ilusiones de la superficie planetaria

Material necesario

Cartulina roja grande

Lápiz

Cuerda

Pintura negra

Pincel

Sábana oscura o negra

Cinta adhesiva

Tijeras

Binoculares

Estancia espaciosa

En 1877 el astrónomo italiano Giovanni Schiaparelli creyó haber visto algo extraño en Marte. Su telescopio era suficientemente potente como para distinguir las características de la superficie del planeta rojo, pero no lo bastante para definirlas con nitidez. El resultado fue que Schiaparelli proclamó al mundo que la superficie de Marte estaba cubierta de una red de canales. Mucha gente pensó de inmediato que los ingenieros marcianos habían construido los canales para salvar su sediento y moribundo planeta, un mito que encuentra su última expresión en un drama radiofónico de Orson Welles en 1933.

El perfeccionamiento del diseño del telescopio en 1920 permitió al astrónomo francés Eugène Antoniadi trazar un mapa preciso del Planeta Rojo y cuestionando la realidad de los canales marcianos, aunque la idea ha subsistido casi hasta la actualidad. De hecho, sólo el lanzamiento de la sonda norteamericana *Viking* echó por la borda el mito de los canales (y de los marcianos que lo construyeron).

Sin embargo, la gente sigue «viendo» cosas extrañas en Marte, e incluso las fotografías más detalladas muestran rasgos inusuales que muchos creen que podrían ser indicios de que alguna vez existió vida inteligente en el planeta. El más famoso de estos rasgos quizá sea el «rostro hu-

116

mano» que se descubrió en el valle Marineris, una profunda región del cañón situada en el ecuador marciano. No obstante, la mayoría de los astrónomos más serios rechazan estas pretensiones, por las razones que vas a descubrir en este experimento.

Los recónditos canales de Marte

Procedimiento

1. Diluye la pintura negra hasta que quede muy líquida, pero sin que pierda la opacidad. Humedece el pincel en la pintura, colócate a un metro de la cartulina roja y salpícala de gotitas. Procura que las salpicaduras parezcan casuales, pero sin mover demasiado deprisa el pincel, para que caigan en distintas partes de la cartulina.

2. Cuando la pintura se haya secado, pega con cinta adhesiva la cuerda al lápiz, pega el otro cabo en el centro de la cartulina roja, dale vueltas al lápiz hasta disponer de una longitud de cuerda de algo menos de la

mitad del ancho de la cartulina, traza un gran círculo y recórtalo.

3. Utiliza agujas para sujetar el círculo en el centro de la sábana negra o de color oscuro.

4. Pega la sábana a la pared con cinta adhesiva y sitúate a una distancia de 10 m. Observa las formas de Marte y haz un esbozo de lo que ves.

5. Haz girar el objetivo de los binoculares y observa las formas borrosas. ¿Alguna de ellas parece el resultado de un diseño hecho a propósito? Repasa el esbozo si es necesario.

6. Poco a poco, gira el objetivo para ver la imagen de Marte con claridad. ¿Todavía persisten las formas?

Resultado

La disposición arbitraria de los puntos en Marte compone formas y modelos familiares cuando la visión es borrosa. Para el ojo poco habituado, estas formas pueden parecer el resultado de un proceso de diseño consciente y de vida inteligente. Esto es debido a que al cerebro humano le encanta establecer conexiones, tanto espaciales como lógicas. En astronomía, estas habilidades han ayudado a organizar las complejidades de los datos cósmicos. Por ejemplo, los astrónomos más antiguos de Babilonia miraban al cielo y distinguían criaturas, humanos y objetos maravillosos en la confusión estelar. Sus denominaciones pasaron a los griegos y más tarde a los romanos, que las volcaron al latín. Hoy en día, seguimos utilizando la nomenclatura latina.

Cálculo del tiempo a partir del movimiento estelar

Material necesario

Cartón grueso de 60 × 60 cm
Regla
Compás
Transportador (semicírculo graduado)
Rotulador
Hilo
Cinta
Adhesivo
Tijeras
Bombilla (opcional)
Cinta adhesiva roja (opcional)

El sol no es el único cuerpo astronómico que permite calcular el tiempo. A medida que los calendarios iban siendo más precisos, aparecieron otros mecanismos para medir el tiempo, además del solar. Los navegantes medievales preferían utilizar el reloj nocturno de la Estrella Polar y calendarios de círculos concéntricos para determinar la hora. En realidad, el reloj estelar sólo es una simple extensión del reloj analógico aplicado a los movimientos aparentes de las constelaciones alrededor de un punto fijo. El de nuestro experimento es preciso, útil y fácil de construir.

Ensamblado del reloj estelar

Procedimiento

1. Copia las seis secciones del reloj estelar en el cartón de las dimensiones indicadas.
2. Recorta la pieza circular más grande. Será la esfera principal.
3. Con el rotulador y la regla, divide la esfera principal en

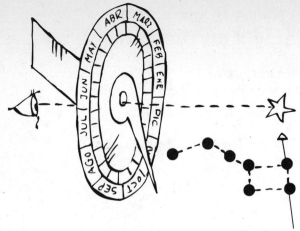

doce secciones (como una tarta) y escribe la inicial de cada mes del año en cada sección.

4. Recorta el círculo más pequeño. Es la esfera de las horas.
5. Divide la esfera horaria en veinticuatro secciones, una para cada hora de del día. También puedes dividirla en mitades de doce horas indicando A.M. y P.M.

   Nota: El transportador te ayudará a dividir el círculo. Divide los 360° en segmentos de 15°, haz una señal cada 15° y traza líneas que unan cada marca con el centro del círculo.

6. Recorta las piezas restantes y ensambla el reloj estelar, siguiendo el diagrama.
7. Corta dos trozos de hilo y pégalos, con cinta adhesiva, pasándolos por el orificio central del reloj estelar, de manera que se crucen perpendicularmente entre sí. Será tu «cruz filar» para la observación de la Estrella Polar.

Uso del reloj estelar

Procedimiento

1. Saca el reloj una noche clara, preferiblemente sin luna llena.

2. Gira la esfera horaria de forma que el señalador apunte hacia el mes correcto de la esfera principal.

> **Nota:** Si necesitas luz, envuelve una linterna en papel de celofán rojo. La luz de una linterna es suficiente para leer, pero no eches a perder la vista con las observaciones nocturnas.

3. Para localizar la Estrella Polar, primero localiza la Montaña Rusa. Las dos estrellas más alejadas de la Montaña Rusa –Merak y Dube– apuntan directamente a la Estrella Polar. Úsalas a modo de «estrellas guía» para orientarte.

4. Sostén el reloj plano frente a ti y observa la Estrella Polar por el orificio central, alineándola con la cruz filar.

5. Mientras observas la Estrella Polar, mueve con cuidado el señalador hasta que apunte a las dos «estrellas guía». La punta del señalador indicará la hora.

Resultado

En el hemisferio Norte, la Estrella Polar es un punto en el cielo a cuyo alrededor giran todas las demás estrellas en el sentido contrario al de las agujas de un reloj. De ahí que puedas considerarla como el centro de un reloj gigante. El movimiento de las estrellas a su alrededor indica la hora. Como la Osa Mayor es una de las constelaciones más conocidas y cercanas a la Estrella Polar, la escogeremos como «manecilla de las horas» de nuestro reloj.

Si la Tierra no girase alrededor del sol, verías las estrellas en el mismo sitio cada noche. Pero a causa de la órbita que describe la Tierra, cada 24 horas tenemos que mirar al cielo en una dirección distinta. Esto significa que las estrellas alcanzan la misma posición 4 minutos antes cada noche. El resultado acumulativo de este movimiento hace que sea necesario el uso de la esfera del calendario.

Por la noche, el reloj estelar te da la misma hora local (basada en el meridiano de la longitud) que la que te da el reloj de sol durante el día. Esto significa que tu reloj, cuando se compara con un reloj estándar, difiere unos minutos dependiendo de tres factores: 1) la longitud donde estás, 2) si es de día y 3) la variación horaria de un meridiano a otro como consecuencia de la órbita elíptica de la Tierra y su eje inclinado.

Construcción de un localizador diurno de la Luna

Material necesario

Cartulina cuadrada
de 20 cm
Cartón de 21 × 48 cm
Regla
Transportador
Rotulador
Lápiz con goma
Tijeras
Cinta adhesiva
Cúter
Compás
Tachuelas

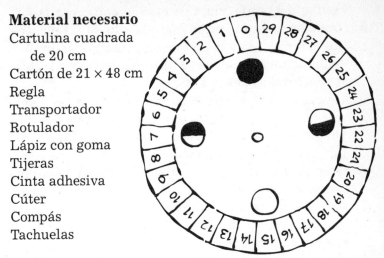

La posición de la luna es una continua sorpresa incluso para los observadores más devotos del cielo. En el transcurso de un mes, la luna aparece por la noche, de día y en distintas partes del cielo. Durante la fase de luna nueva, está en el lado opuesto de la Tierra y no se puede ver. Este localizador diurno de la luna combina el calendario lunar, un compás y un instrumento de observación que te permitirá localizarla incluso cuando sea invisible.

Ensamblado del localizador

Procedimiento

1. Con la regla y el lápiz, traza dos líneas diagonales uniendo las esquinas opuestas del cartón. Coloca la punta del compás en la intersección de las líneas (centro) y traza un círculo de 20 cm de diámetro.

2. Coloca el transportador en el centro y haz marcas de 12° para dividir el círculo en treinta secciones. Recorta esta «esfera».

3. Traza un pequeño círculo en la esfera para disponer de un borde de casillas en el perímetro de la esfera.

4. Borra todas las líneas excepto el punto central y las casillas del borde. Pinta las casillas con el rotulador.

5. Trabajando en dirección opuesta a la de las manecillas del reloj, numera el primer cuadrado con un «0» y continúa numerando del 1 al 29. Estas casillas representan los días del mes lunar.

6. Gira la esfera para tener siempre a la vista los números y empieza con las fases lunares. En la casilla 0 dibuja un círculo negro, que representará la luna llena. En la casilla 7, dibuja media luna con la parte oscura en la derecha. En la casilla 23, dibuja media luna también con la parte oscura en la derecha.

7. Con el cúter, practica los cortes en la cartulina que se indican en la ilustración y dóblala para construir un soporte en forma de cuña.

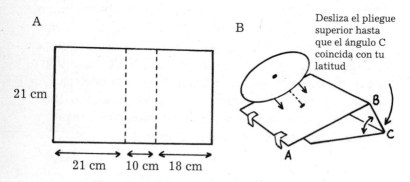

A

21 cm

21 cm 10 cm 18 cm

B

Desliza el pliegue superior hasta que el ángulo C coincida con tu latitud

B

C

A

8. El ángulo C del soporte debe ser igual que el ángulo de tu latitud. Para saber cuál es tu latitud, consulta un globo terrestre. Las líneas de latitud, que indican la distancia desde el ecuador, discurren de este a oeste, de manera que el ecuador está en una latitud de 0°, y los polos en una latitud de 90°. Localiza la latitud más próxima a tu ciudad.

9. Dobla de nuevo el soporte, está vez midiendo el ángu-

lo C con el transportador. Pega el soporte y corta el resto de cartulina si es necesario.

10. Fija la esfera al soporte con una tachuela. Asegúrate de que la esfera puede girar libremente.

Uso del localizador lunar

Procedimiento

1. Busca qué día es hoy en el mes del calendario lunar. Lo encontrarás en cualquier periódico. Señálalo con un lápiz en la casilla correspondiente de tu esfera.

2. Sal al aire libre con tu localizador y colócalo de forma que la parte más baja del soporte señale el norte.

3. Gira la esfera de manera que la casilla 0 señale al sol.

4. Encontrarás la posición lunar imaginando una línea que va desde el centro de la esfera hasta el horizonte, pasando por la casilla marcada.

Eclipse solar total y parcial

Material necesario
2 trozos grandes de cartón
Arcilla
Brocheta de madera
Lámpara pequeña sin pantalla
Rotulador
Clavo puntiagudo
Cinta adhesiva

Además de ser mucho más grande que nuestra luna, el sol está mucho más lejos de la Tierra que la luna. Esto hace que, desde la Tierra, ambos aparenten tener el mismo tamaño. Cuando el disco lunar pasa por delante del sol, puede eclipsar total o parcialmente la luz solar (eclipse de sol), y cuando la Tierra pasa entre la luna y el sol, aquélla se proyecta en la sombra de la Tierra (eclipse de luna).

Los eclipses son importantes porque ayudan a los científicos a observar detalles de la atmósfera del planeta que de otro modo permanecerían inadvertidos. Por ejemplo, los eclipses de sol permiten a los científicos disfrutar de visiones curiosas y asombrosas de la corona solar o manto de gases. A los científicos les apasiona estudiar la sombra de la Tierra cuando pasa por delante de la luna, pues revela muchas cosas de la atmósfera terrestre.

En este experimento simularás un eclipse total y un eclipse parcial. El experimento te permitirá observar tu «corona» del sol.

Procedimiento
1. Con un poco de arcilla, construye la luna y con la arcilla sobrante confecciona un soporte.
2. Pon la brocheta entre el soporte y la luna. Coloca la brocheta-luna en posición vertical.
3. Retira la pantalla de una lámpara pequeña y sitúala a 35 cm de la luna. La bombilla debe tener la misma al-

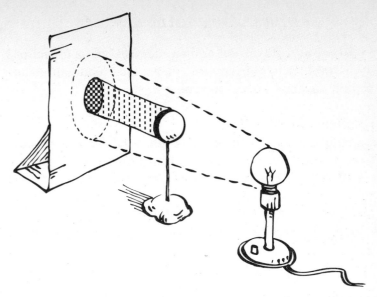

tura que la luna. Quizá tengas que elevarla con algunos libros.

4. Recorta, dobla y pega un trozo de cartón para que sostenga el otro trozo en una posición casi vertical.

5. Enciende la lámpara y observarás una sombra circular en el cartón. Si es demasiado grande o borrosa, desplaza la lámpara hasta obtener una sombra más nítida, pero sin acercarla demasiado a la luna.

6. Haz tres señales en la sombra circular, una directamente en el centro y otras dos en el extremo. Con el clavo practica un agujero en cada marca.

7. En la otra cara del cartón, señala el agujero que está en el centro de la sombra.

8. Reduce la intensidad de las luces de la estancia, ponte detrás del cartón y mira a través de uno de los agujeros del extremo. A continuación, mira por el agujero del centro.

Resultado

Al mirar a través de los agujeros del extremo, verás una excelente simulación de un eclipse solar parcial. Fíjate cómo se ve la luz en una sección del disco lunar mientras la restante queda oculta.

Al mirar a través del agujero central, verás un eclipse solar total. Como observarás, la luz más tenue alrededor de la luna simula la corona solar.

Explicación

Cuando hay un eclipse de sol, la sombra de la luna se oculta en la superficie de la Tierra. Dependiendo de dónde estés situado en esta sombra, que tiene 248 km de anchura, contemplarás un eclipse total o parcial. A causa de la rotación terrestre, la sombra o *umbra* discurre por la superficie de la Tierra trazando lo que se conoce como «trayectoria del eclipse».